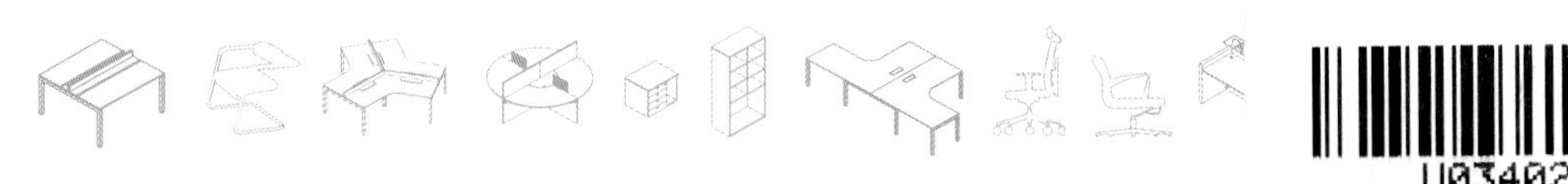

U0340221

维沙华品牌代言人 黄晓明
维沙华水晶灯
心亮了世界就亮了
Riserva维沙华®

瑪緹瓷磚
MATI CERAMICS
Mati Ceramics
Crazy for Vitality Crazy for
Beauty Crazy for MATI
爱年轻 爱美丽 爱玛缇
全国服务热线：4008 301 311
廣東瑪緹陶瓷有限公司
Guangdong MATI Ceramics Co.,Ltd
地址: 佛山市季華西路68號中國陶瓷產業總部基地西區C07-08
Add: C07-08,CCIH,NO.68 West Jihua Road
Foshan,Guangdong, China
http://www.mymati.com

[GREEN]^{3}

| Gp (Green produce) | Gs (Green sell) | Gu (Green use) |

[GREEN]^{3} = GP x GS x GU

GREEN^{3} = Gp (绿色生产) x Gs (绿色销售) x Gu (绿色使用)

Gp (Green produce)

接•点

Point of Contact

过去•擦身而过 PAST•PASS

现在•有缘相遇 PRESENT•TOGETHER

未来•共同创建 FUTURE•COOPERATE

公司简介

雅缴精缴建材创建于九十年代初。
二十年来，致力于合成聚氨酯(PU)、
高强度纤维制品(GRG) 与 玻璃纤维产品(FRP)
装饰建材之天花与墙面领域，我们一直秉尚
『团体精神』、『严格质量』、『专业服务』
为经营宗旨，本着提升空间美学，
将艺术与生活完美结合，
提供一站式天花造型与墙面装饰之建议方案。

经营理念

创新、专业、诚信。
从研发团队之成立至
设计、制图、打样、雕塑、制模
等各项工作，
因循渐进的为客户提升产品质量，
融入家居生活品味。
雅缴全面采用环保材料，应用于装饰建材，
不仅美观、舒适、也等同安心。

绿色生活、感受雅缴

雅缴产品系列采用耐用性很强的美国进口
特种聚氨脂合成原料，不断提升生产技术
和结合我们最强的专业团队及高科技生产设备，
使雅缴产品能在市场上广泛采用。
每件雅缴产品必需达至精缴多元化、立体视觉艺术
为载体的造型以整合流畅产品系列为设计主轴，
不断推陈出新，融入现代经典设计风格。
雅缴产品能抗蛀、防潮、不发霉、易于清洗，永保如新。
不受天气变化而变形弯曲，不脱落，不龟裂，耐用高。
质轻易搬运，损耗率极低。
具弹性，能配合工程弧形天花造型。
施工简便，可刨、可粘、可钉，施工容易。
产品表面可涂装任何颜色涂料。
凭借其卓越成就与锐意进取的精神，
雅缴精缴建材自1993年以来
便成为全国建筑装饰业内的领导品牌之一。

接•点

咨询 及 客服 联络人：戴小姐(86) 15018954885 QQ：2386989654 邮箱：2386989654@qq.com
广州（天河）：广州市天河区广州大道中85号红星美凯龙全球家居生活广场二楼B8010_2铺
广州（南岸）：广州市荔湾区南岸路30号广州装饰材料市场B栋005铺
深圳（坂田）：深圳市龙岗区坂田街道坂雪岗大道163号P栋一楼3号
WWW.tip-top.hk

雅缴•

You

Shenzhen Guangzhou Hong Kong

深圳 广州 香港

过程 • PROCESS

建材

Ceilings and Walls Partner

你的天花与墙面好伙伴!!!

诚邀阁下 携手合作 共同创建 完美项目

We cordially invite you to cooperates any new project

金牌亚洲陶瓷
GOLD MEDAL CERAMICS
打造中国喷墨砖第一品牌

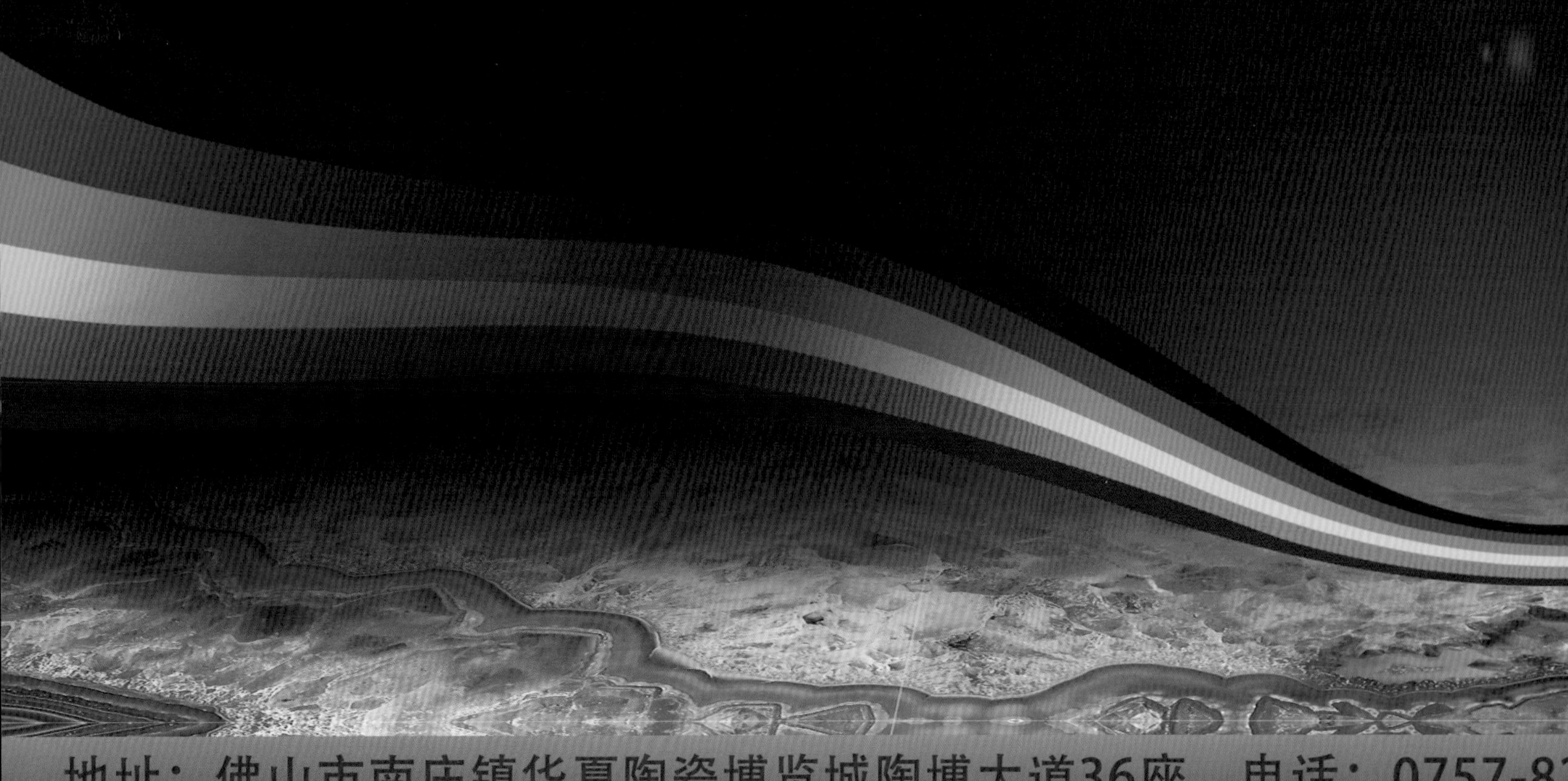
地址：佛山市南庄镇华夏陶瓷博览城陶博大道36座　电话：0757-82

海德·饰博汇
Head Decoration Trade Plaza

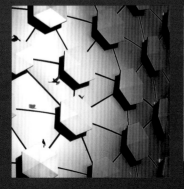

让梦想飞起来！

爱浩思设计管理顾问公司

爱浩思旗帜：为设计师提供成功机遇。
爱浩思使命：为有志在设计行业发展的人员提供培训，实习和认证的基地。

爱浩思~
ihaus

联系方式：
公　司：爱浩思设计管理顾问公司
地　址：广州市天河区林和西横路107号708室
电　话：020-38467517
林　生：18688386281
邮　箱：ihaus777@ihaus.cn
@我们：@爱浩思设计管理顾问公司

北京吉典博图文化传播有限公司是融建筑、美术、印刷为一体的出版策划机构。公司致力于建筑、艺术类精品画册的专业策划。以传播新文化、探索新思想、见证新人物为宗旨，全面关注建筑、美术业界的最新资讯。力争打造中国建筑师、设计师、艺术家自己的交流平台。本公司与英国、新加坡、法国、韩国等多个国家的出版公司形成了出版合作关系。是一个倍受国际关注的华语出版策划机构。

Beijing Auspicious Culture Transmission Co., Ltd. is a publication-planning agency integrating architecture, fine arts and printing into a whole. The Company is devoted to the specialized planning of the selected album in respect of architecture and art, and pays full attention to latest information in the fields of architecture and art, with the transmission of new culture, the exploration of new ideas, the witness of new celebrities as its tenet, striving to build up the communication platform for Chinese architectures, designers and artists. The Company has established cooperative relationships with many publishing companies in Britain, Singapore, France and Korea etc. countries; it is an outstanding Chinese publishing agency that draws the global attention.

Contributions 征稿

Wanted… 进行中……

室内·建筑·景观

感谢您的参与！

WWW.JI-CHINA.COM

TEL: 010-68215537 010-67533200 E-MAIL: jidianbotu@163.com bjrunhuan@163.com

OFFICE
办公

目录

CONTENTS

主案设计：
王开方 Wang Kaifang
博客：
http:// 872080.china-designer.com
公司：
王开方艺术设计工作室
职位：
设计主持

奖项：
"中国时代杰出艺术家"称号
日本NASHOP灯光设计奖
亚洲PINUP室内设计办公空间金奖
中国年度酒店原创设计奖
中国年度色彩环境艺术奖
"金外滩奖"最佳概念设计奖
最佳材料应用奖等

项目：
北京友谊宾馆友谊宫
钓鱼台18号楼
杭州圆通寺佛文化景区
北京市人民检察院
北京Nest俱乐部
天津天地烩会所
人民大会堂一段餐厅
丹东中央公园开发区
延庆夏都会议中心
北京亚奥国际酒店
紫金城大宅

黄晓明工作室
Huang Xiaoming Studio

A **项目定位** Design Proposition
符合明星特质的梦幻空间。

B **环境风格** Creativity & Aesthetics
新功能与老建筑的对比与融合，有浓郁的戏剧色彩，被业主本人命名为"梦幻岛"。

C **空间布局** Space Planning
"可繁殖的细胞"的理念应用；是微缩的城市建筑，是放大的艺术装置；错落、穿插、组合、围合。评为建筑师的空间游戏。

D **设计选材** Materials & Cost Effectiveness
在丰富的材料、丰富的质感、丰富的色彩间的相互融合、衬托及相互转换。一场材料戏剧般的饕餮盛宴！只有明星乃至巨星才可适宜和驾驭！

E **使用效果** Fidelity to Client
实用、精彩、耐人寻味、无法复制！

Project Name_
Huang Xiaoming Studio
Chief Designer_
Wang Kaifang
Location_
Chaoyang Beijing
Project Area_
1200sqm
Cost_
3,500,000RMB

项目名称_
黄晓明工作室
主案设计_
王开方
项目地点_
北京市 朝阳区
项目面积_
1200平方米
投资金额_
350万元

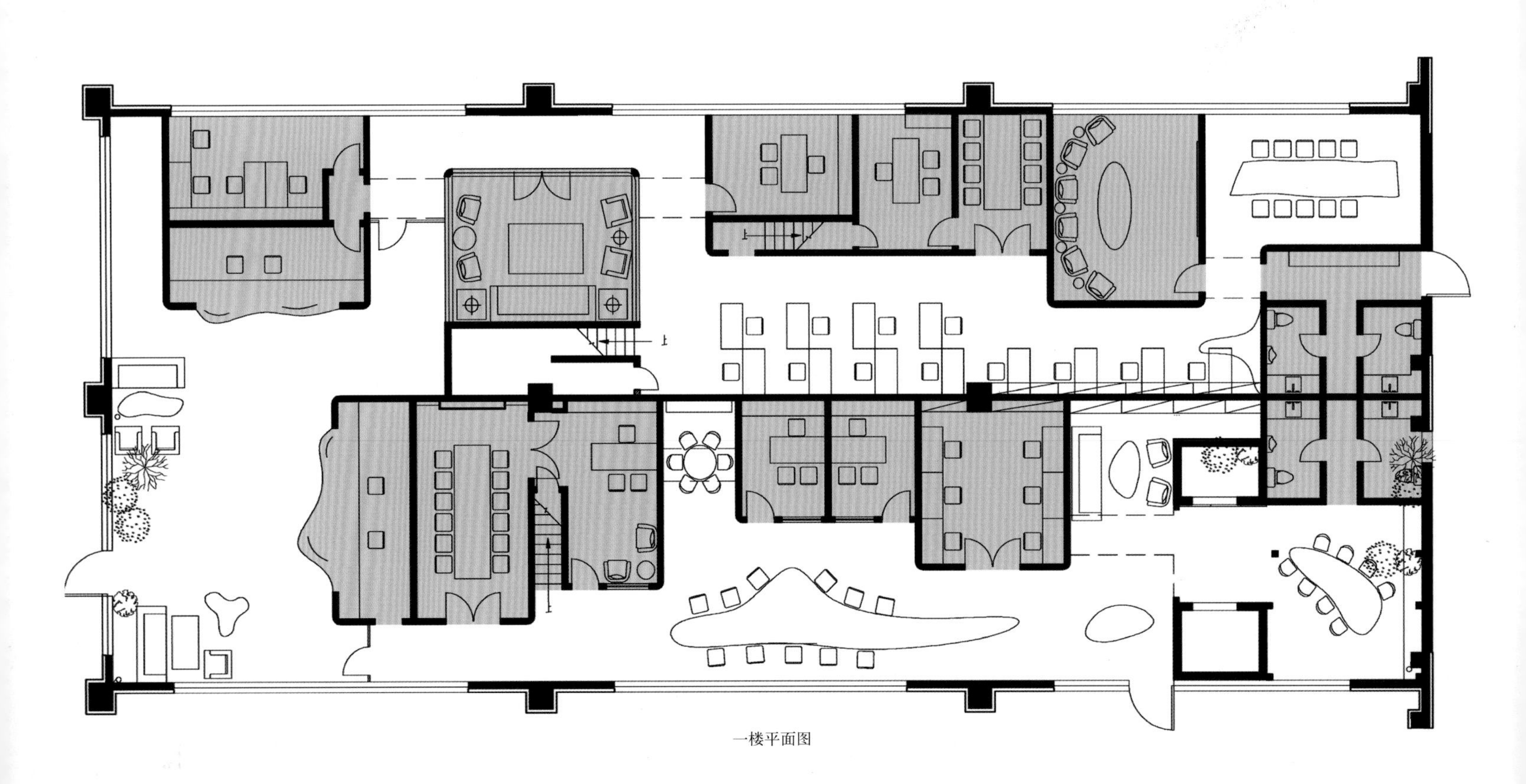

一楼平面图

主案设计：
Thomas Dariel
博客：
http:// 817752.china-designer.com
公司：
Dariel Studio
职位：
CEO、设计总监

奖项：
2011金堂奖 2011 China-Designer 中国室内设计年度评选年度优秀餐饮空间设计作品（YUCCA酒吧项目）
2011年International Arch of Europe Award (IAE) 金奖
2012年The Restaurant & Bar Design Award 的提名、安德鲁马丁年度优秀设计师

项目：
YUCCA

Dunmai办公室

Dunmai Office

A 项目定位 Design Proposition

室内环境的设计中，此次办公室的设计主题是“在公园里工作－在办公室玩乐”。
这个主题被不遗余力地运用于整个空间结构中，以展现出一个先锋和有趣的办公室空间。

B 环境风格 Creativity & Aesthetics

在公园里工作，在办公室玩乐。

C 空间布局 Space Planning

只保持外立面的历史感，打破室内所有原有结构，重塑一个具有线条感的开放性三层楼结构。。

D 设计选材 Materials & Cost Effectiveness

采用长型白色钢琴漆办公桌，即满足了友好的工作氛围需求又便于员工之间的交流。
在体现时尚和轻松的办公环境氛围的同时，设计师并没有忘记办公室所应具有的功能和实用性，通过运用高科技，在很多处运用玻璃的隔墙和门，既创造了一个开放透明的空间，又更方便员工之间的交流。

E 使用效果 Fidelity to Client

客户得到了出乎预期之外的惊喜，也使员工更加的喜欢办公室，更好的投入工作。

Project Name_
Dunmai Office
Chief Designer_
Thomas Dariel
Participate Designer_
Hou Yinjie
Location_
Huangpu Shanghai
Project Area_
1,200sqm
Cost_
4,000,000RMB

项目名称_
Dunmai办公室
主案设计_
Thomas Dariel
参与设计师_
侯胤杰
项目地点_
上海 黄浦区
项目面积_
1200平方米
投资金额_
400万元

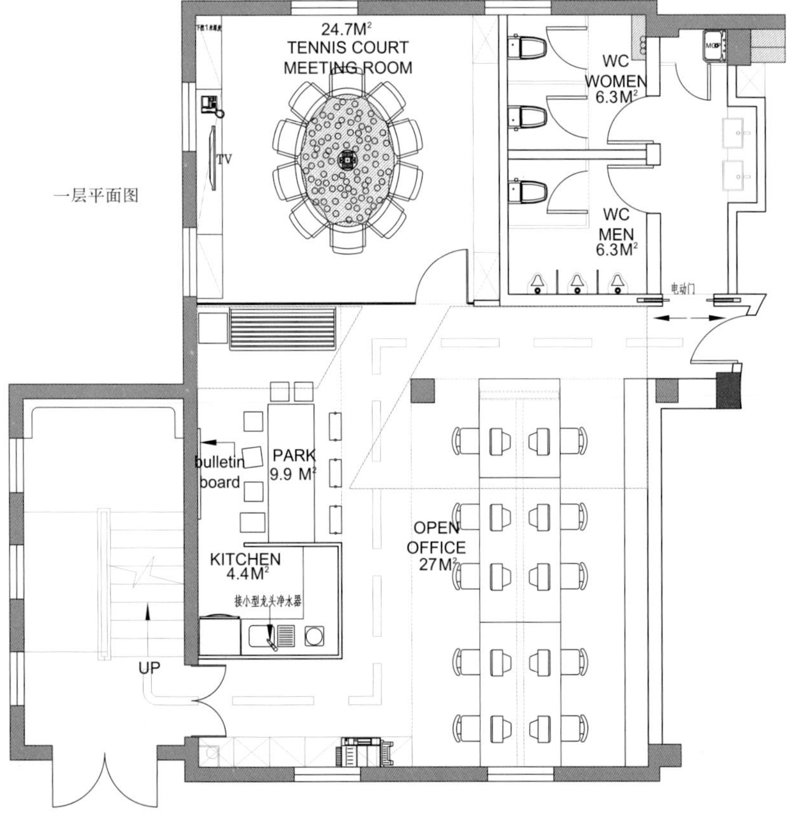

一层平面图

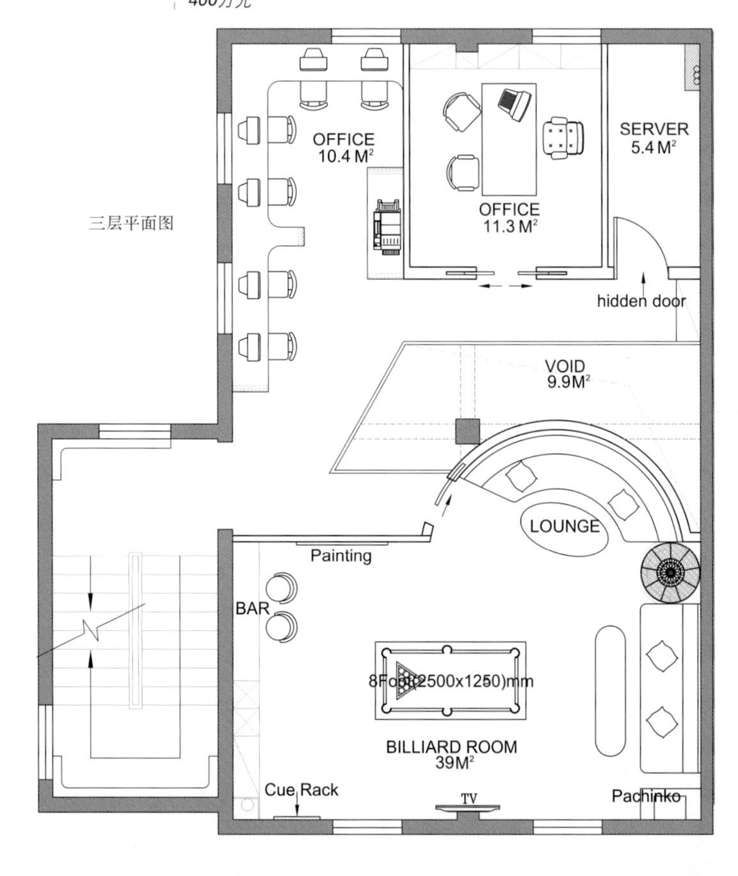

三层平面图

主案设计：
王砚晨 Wang Yanchen
博客： http:// 456069.china-designer.com
公司： 经典国际设计机构（亚洲）有限公司
职位： 首席设计总监
职称：
经典国际设计机构(亚洲)有限公司 首席设计总监
北京至尚经典装饰设计有限公司 首席设计总监
中国建筑学会室内设计分会 会员

奖项：
2011金外滩奖最佳景观设计大奖
2011金外滩奖最佳休闲空间设计奖
2011CIID中国室内设计学会奖 商业工程类银奖
2011金堂奖年度海外设计市场拓展提名奖
2012中国室内装饰学会优秀设计奖
2012金外滩奖国际室内设计节 最佳材料运用奖

项目：
茗藤茶艺 体验馆
眉州东坡三苏祠 餐厅 园林及室内
王家渡火锅
眉州东坡酒楼—奥运主题餐厅
小渡火锅

经典国际设计机构-亚洲有限公司办公室

Classic International Design Organization (Asia) Co., Ltd. Office Space

A 项目定位 Design Proposition

慢设计的办公空间

“慢”是“快”的基础，只有习惯“慢生活”，才能够快速准确找到定位，而不会迷失自己。

B 环境风格 Creativity & Aesthetics

经典国际设计机构——慢设计的倡导者

我们秉承这一理念，将“慢”的理念延续到我们的办公空间。首先是选址，北京的空气净化器——森林公园成为我们的最佳选择。这栋建筑位于森林公园的腹地，依山傍水，独立清幽，完全隔绝都市的繁杂和喧闹，是真正意义上的室外桃源。

C 空间布局 Space Planning

我们尽量尊重原有建筑的空间结构，错层、高达6米的空间高度、三角形的采光顶，都得以保留，原有的不规则结构梁成为我们的照明基座。狭长的残疾人坡道成为材料区和文印中心。而宽敞的户外露台成为绝佳的休闲和放松的区域。

D 设计选材 Materials & Cost Effectiveness

室内家具和艺术品的选择也同样遵循“慢设计”的理念，只有被称之为经典的才能称为空间的主人，明式圈椅、北魏造像、当代艺术交相辉映，共同谱写一组和谐的乐章。

E 使用效果 Fidelity to Client

置身这样的空间之中，心会自然地安静下来，快的节奏和习惯会慢慢远去，我们会更清晰地思考，更深入地研究，以致更精准地处理设计中的所有关系，努力创造更具深度的作品。为中国设计走向世界贡献自己的微薄之力。

Project Name_
Classic International Design Organization (Asia) Co., Ltd. Office Space
Chief Designer_
Wang Yanchen
Participate Designer_
Li Xiangning
Location_
Beijing Chaoyang
Project Area_
800sqm
Cost_
4,500,000RMB

项目名称_
经典国际设计机构-亚洲有限公司办公室
主案设计_
王砚晨
参与设计师_
李向宁
项目地点_
北京市 朝阳区
项目面积_
800平方米
投资金额_
450万元

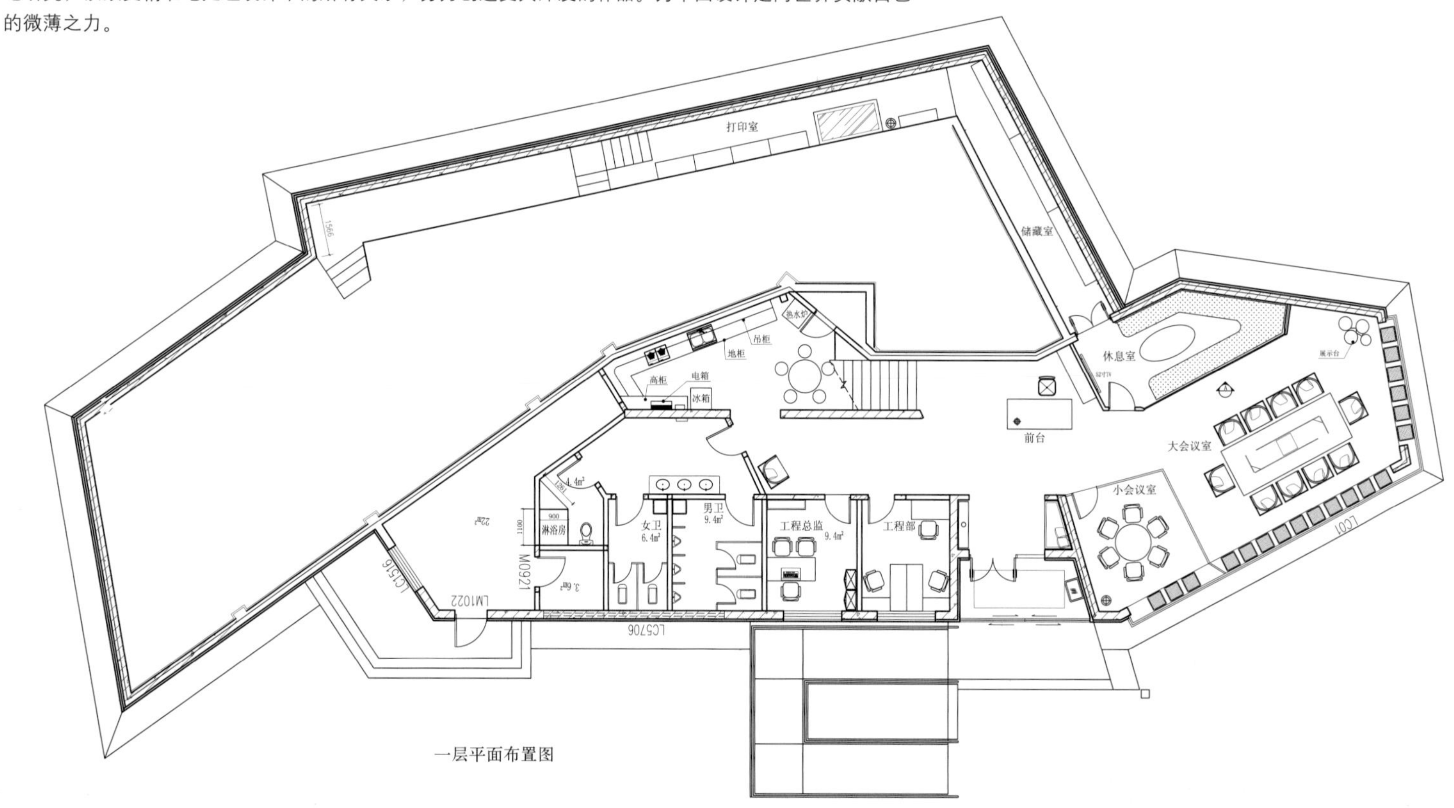

一层平面布置图

ARCHITECTURE
Bali LIVING
restaurants
STYLISH RESTAURANTS
ARCHITECTURE NOW!
WALL DESIGN
LUXURY HOTELS
HOTEL DESIGN
DESIGN
BEIJING
FLAGSHIP STORES
Art Hotels
exhibition
shop
Office

主案设计：
吴联旭 Wu Linaxu
博客：
http:// 822040.china-designer.com
公司：
C&C联旭室内设计公司
职位：
总设计师

奖项：
2011年度十佳办公空间
2010 年在 ICIAD 室内设计大赛获会所类银奖、荣誉奖
2008-2009 中国室内设计师年度封面人物（提名）
2009 年获亚太十大新锐设计师奖

项目：
玲珑
英菲尼迪系列展厅
烟来斗往俱乐部
静茶-三坊七巷会所
武夷山天心峰茶叶会所
蜜蜂瓷砖展厅

素设计
Premier design

A 项目定位 Design Proposition
简单并不是单纯简约的问题，而是一个凝练的过程，是基于对保留和删减的内容把握。

B 环境风格 Creativity & Aesthetics
简洁明快的线条，有种直截了当的美，让人们在面对一堵简单的墙的时候，也能回味着素面带来的快感。置身在这样一个素雅的环境中，它就像一幅随时将会触发诗意的画布，让人满怀期待。

C 空间布局 Space Planning
空间中没有刻意的渲染，也没有繁缛的修饰，一切看上去都简简单单。这种“简单”以开放的布局展示出最本质的生活内涵，它产生于材料所塑造的关系之中，并最终将这些内容和谐完美地融为一体。

D 设计选材 Materials & Cost Effectiveness
在木质与白色瓷砖、人造石为主要用材的空间里，玻璃镜面适时地穿插其中，带给人们落落大方的亲切感。

E 使用效果 Fidelity to Client
置身在这样一个素雅的环境中，它就像一幅随时将会触发诗意的画布，让人满怀期待，带给人们落落大方的亲切感。

Project Name_
Premier design
Chief Designer_
Wu Lianxu
Location_
Fuzhou Fujian
Project Area_
230sqm
Cost_
350,000RMB

项目名称_
素设计
主案设计_
吴联旭
项日地点_
福建 福州
项目面积_
230平方米
投资金额_
35万元

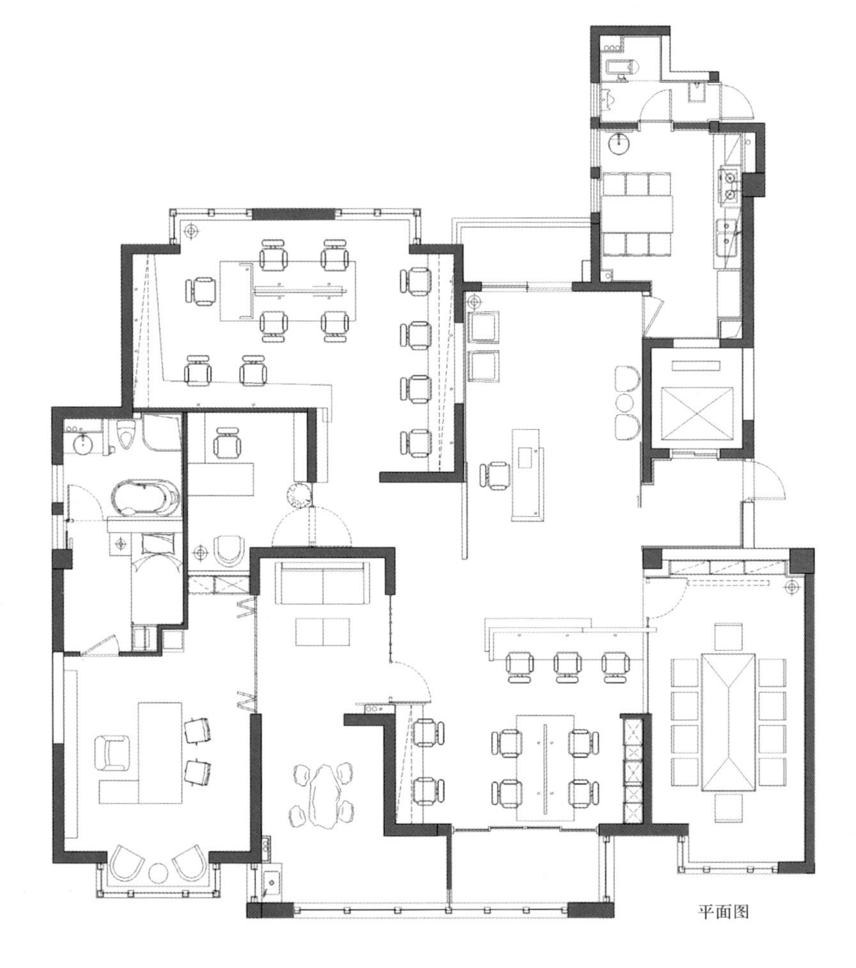

平面图

DOING

主案设计：
朱晓鸣 Zhu Xiaoming
博客：
http:// 468252.china-designer.com
公司：
杭州意内雅建筑装饰设计有限公司
职位：
创意总监、执行董事

奖项：
2012中国室内设计陈设艺术先锋人物
2011年“金堂奖”中国年度十佳、优秀样板间／售楼处设计大奖
2011年“金堂奖”中国年度优秀娱乐空间设计大奖
2011年 CIID杭州室内设计大奖“学会工程奖·地产类设计一等奖，娱乐空间设计二等奖”

项目：
IN LOFT 办公空间设计
西溪MOHO售展中心
IN BASE 3 CLUB
乐清玛得利餐厅
中雁风景区岭尚汇
缤纷时代国际娱乐会所
义乌名廷食家私家海鲜工坊
拉芳舍咖啡美食广场
玛歌酒窖&私人会所
西湖花港观鱼景区众悦汇
风景蝶院售楼中心
美丽态度STUDIO
EAC欧美中心正佳集团总部
环球中心美欣达集团总部

浙江嘉捷服饰有限公司总部
Zhejiang Idea&Ido Fashion Co.,Ltd.

A 项目定位 Design Proposition
此案为一家皮革服装生产、国际贸易的服饰公司办公总部。为表现该企业特有的国际化特性与服装行业的时代性，在建筑形态与室内空间设计中，我们尝试中西合璧的设计手法。

B 环境风格 Creativity & Aesthetics
将欧式建筑风格简约化后，结合当代的简约、纯粹、几何的设计语言，两者进行巧妙结合，立意营造一种带着欧洲中世纪图书馆气息的空间氛围。

C 空间布局 Space Planning
在一层的空间中，通过欧式风格的墙体围合割划后，修整出规整利落净高九米的中空。二层、三层为生产、营销、企划、人事等高密度人员办公区，在敞开式办公区中，合理地划分了工作区与劳逸结合的茶水间、阅览室、员工休息区等，形态上更注重功能性与简约的统一性。在五层的高管办公区中，特别结合每位高管的艺术审美、生活哲学，呈现出风格迥异的独立空间的自我气息。

D 设计选材 Materials & Cost Effectiveness
在整体的空间材质运用上，并未一味追求欧式的奢华；水磨石地、回购老木板、自制木纹水泥墙等的运用，既跳脱了办公空间常规用材的同质化，化常规为独特，又为现代企业的严谨、简洁、环保理念加分。

E 使用效果 Fidelity to Client
业主十分满意。

Project Name_
Zhejiang Idea&Ido Fashion Co.,Ltd.
Chief Designer_
Zhu Xiaoming
Participate Designer_
Zeng Wenfeng, Wang Hongli, Zhu Lulu, Lei Huawen
Location_
Jiaxing Zhejiang
Project Area_
5,000sqm
Cost_
6,000,000RMB

项目名称_
浙江嘉捷服饰有限公司总部
主案设计_
朱晓鸣
参与设计师_
曾文峰、王宏黎、朱露露、雷华文
项目地点_
浙江省 嘉兴市
项目面积_
5000平方米
投资金额_
600万元

嘉捷

主案设计：
杜江 Du Jiang
博客：
http:// 488626.china-designer.com
公司：
杭州藏美装饰设计有限公司
职位：
设计总监

资质：
高级室内建筑师

项目：
上海藏鲜工坊
杭州辣库餐厅

潮峰钢构集团新建企业办公楼

Chaofeng steel structure group new office building

A 项目定位 Design Proposition

潮峰钢构集团的办公大楼，这个企业从中型承包商发展到一个在钢构方面的建造商和商业地产的投资商。

B 环境风格 Creativity & Aesthetics

集团的根是钢铁和混凝土，还有和这两个材料一样的企业精神。

C 空间布局 Space Planning

我们的设计自然有了源泉，从而形成此作品的风格。

D 设计选材 Materials & Cost Effectiveness

手法和材料都是根据企业本身的生产的原材料加工和创新而成。

E 使用效果 Fidelity to Client

使企业工作的员工身临其境和更进一步地去解读企业的内涵。

Project Name_
Chaofeng steel structure group new office building
Chief Designer_
Du Jiang
Location_
Hangzhou Xiaoshan
Project Area_
3,890sqm
Cost_
10,000,000RMB

项目名称_
潮峰钢构集团新建企业办公楼
主案设计_
杜江
项目地点_
杭州市 萧山经济开发区
项目面积_
3890平方米
投资金额_
1000万元

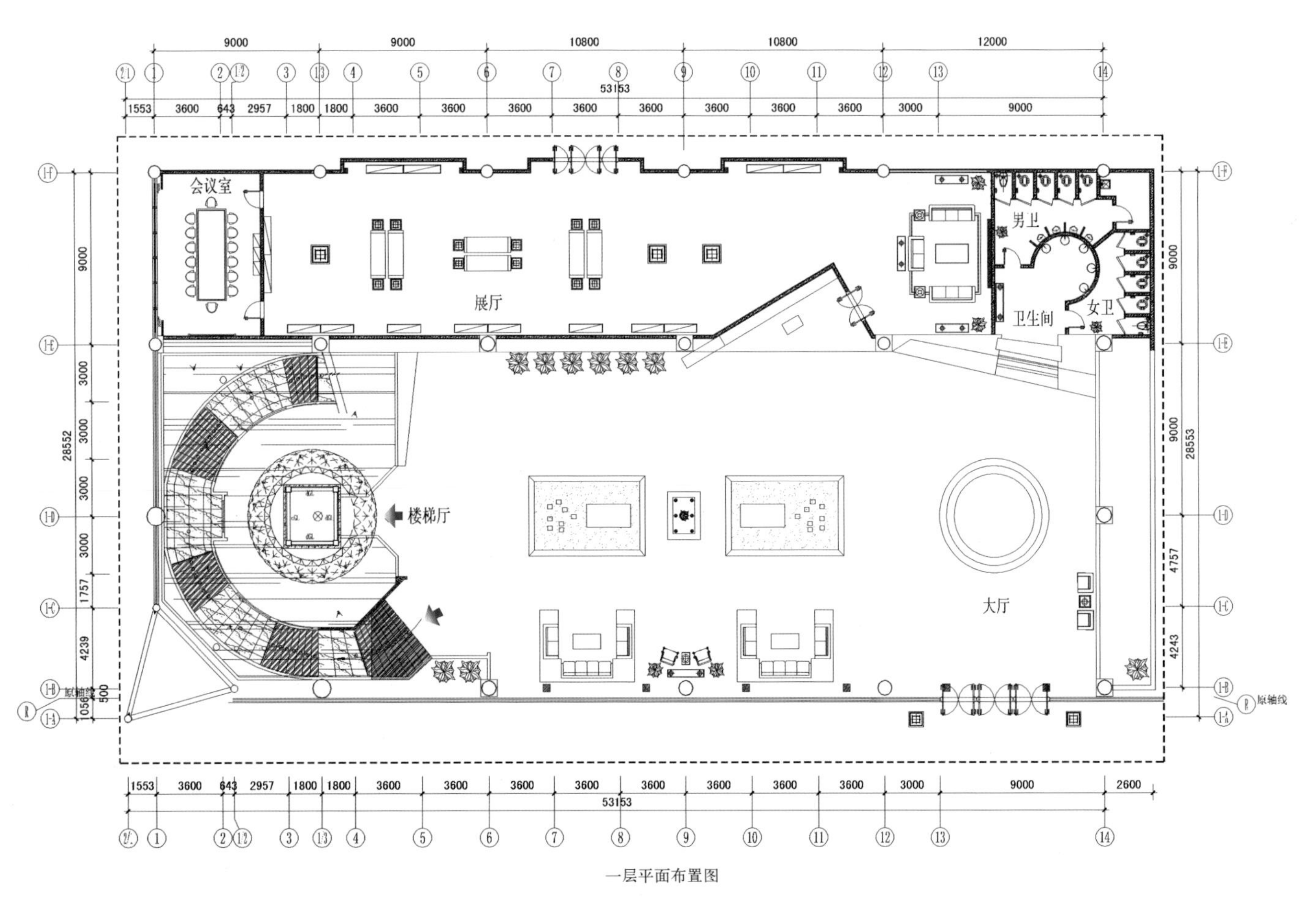

一层平面布置图

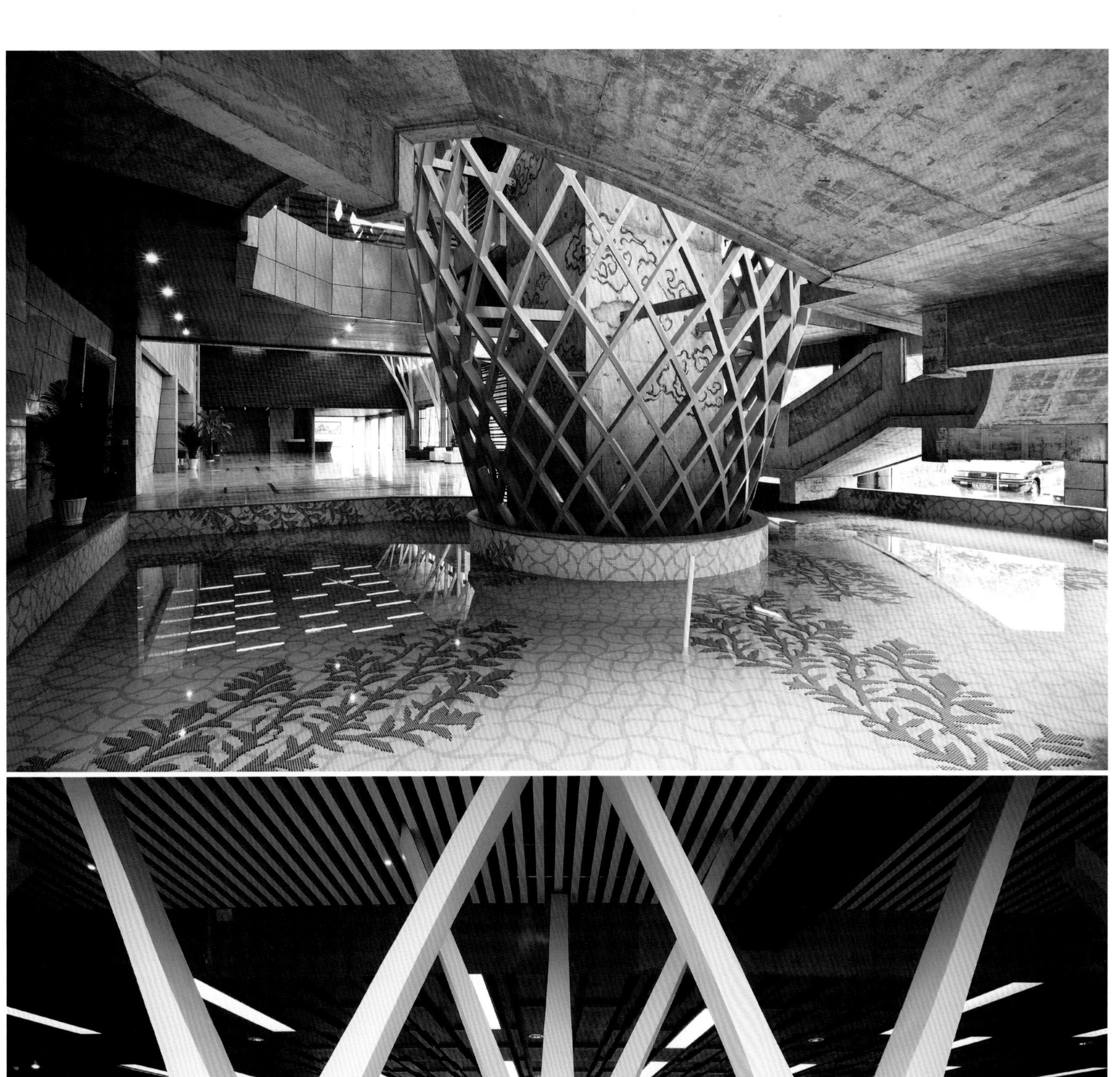

主案设计：
汪晖 Wang Hui
博客：
http:// 461736.china-designer.com
公司：
湖南自在天装饰设计工程有限公司
职位：
创意总监

奖项：
2010年中国室内设计周陈设艺术晶麒麟奖
2011年海峡两岸四地室内设计大赛商业类金奖
2010年“金堂奖”中国年度室内设计评选年度十佳公共空间设计作品
2008年中国国际室内设计双年展“金奖”

项目：
京绣会所
天使之国
冷酷仙境展厅设计
自在天高端设计会所
天空之城住宅设计

圆融之道
Flexible style

A 项目定位 Design Proposition
人们对办公空间的印象或许是格子间吧。

B 环境风格 Creativity & Aesthetics
那是机器时代对人性的反动。

C 空间布局 Space Planning
我们需要更自由不羁的心性，在理性的基本框架内实现最大限度的舒展开放，与此同时更顾及到对品质的尊重。

D 设计选材 Materials & Cost Effectiveness
请注意质朴的天顶与考究的地面。请注意中国石鼓与北欧家私的对话。 这是一个不分风格与国界的空间，它本身会提示出人与周遭的关系。

E 使用效果 Fidelity to Client
圆融，是人与身边世界相处的最佳方式。

Project Name_
Flexible style
Chief Designer_
Wang Hui
Location_
Changsha Hunan
Project Area_
700sqm
Cost_
900,000RMB

项目名称_
圆融之道
主案设计_
汪晖
项目地点_
湖南 长沙
项目面积_
700平方米
投资金额_
90万元

WWW.FREE-SKY.COM.CN
WWW.FREE-SKY.COM.CN

主案设计：
罗劲 Luo Jing
博客：
http:// 361859.china-designer.com
公司：
北京艾迪尔建筑装饰工程有限公司
职位：
设计总监、总经理

奖项：

金堂奖•2010 China-Designer中国室内设计年度评选 年度优秀办公空间

2012年度中国建筑装饰绿色环保设计五十强企业

2012“照明周刊杯”中国照明应用设计大赛北京赛区佳作奖

项目：

艾迪尔商务中心
腾讯科技（北京，深圳、成都，天津，上海）
安捷伦科技（成都）
丰田汽车（中国）
雪佛龙（中国）
广发基金
金地国际花园
朗琴园
和泓房地产

艾迪尔商务中心（新址）
IDEAL Office

A 项目定位 Design Proposition

这是一栋老仓库改建项目。营建风格独特且具有包容性和多样性的商务空间，打造能够鼓舞和激励员工的现代高效办公场所，是我们此次改造的重要目标。

B 环境风格 Creativity & Aesthetics

通过设计与技术的结合，我们试图在节水节能节材，资源的循环利用等各方面认真考虑；从设计到施工的各个环节上细微处理，真正打造一个较为全面的绿色环保办公环境。

C 空间布局 Space Planning

我们局部下挖了仓库的内部地面，加建出错落的层次空间，提高了建筑的使用效率。局部的矮墙，石条、台架、水景、悬梯、廊桥等作为过渡构件，成为连接各个部门单元的重要组成部分，共同营建了人看人，空间套空间、围合包围合的丰富办公组团环境。我们在原有建筑的四面都适度进行了加建，营造出门斗、外廊、健身阳光房、员工餐厅以及多功能厅等空间，这些增建空间与院墙及周边建筑之间形成不同尺度和感受的围合形态，使得原有呆板的建筑外部表情丰富多彩。

D 设计选材 Materials & Cost Effectiveness

根据原有建筑的空间特点和结构形式，我们尽量考虑在室内全方位引入自然光，增加了顶部的天光照明，提高了室内的光照及感官效果。

E 使用效果 Fidelity to Client

原有的呆板建筑外部表情，因为全方位的设计改造变得丰富多彩。

Project Name_
IDEAL Office
Chief Designer_
Luo Jing
Participate Designer_
Zhang Xiaoliang
Location_
Beijing
Project Area_
1,300sqm
Cost_
3,500,000RMB

项目名称_
艾迪尔商务中心（新址）
主案设计_
罗劲
参与设计师_
张晓亮
项目地点_
北京
项目面积_
1300平方米
投资金额_
350万元

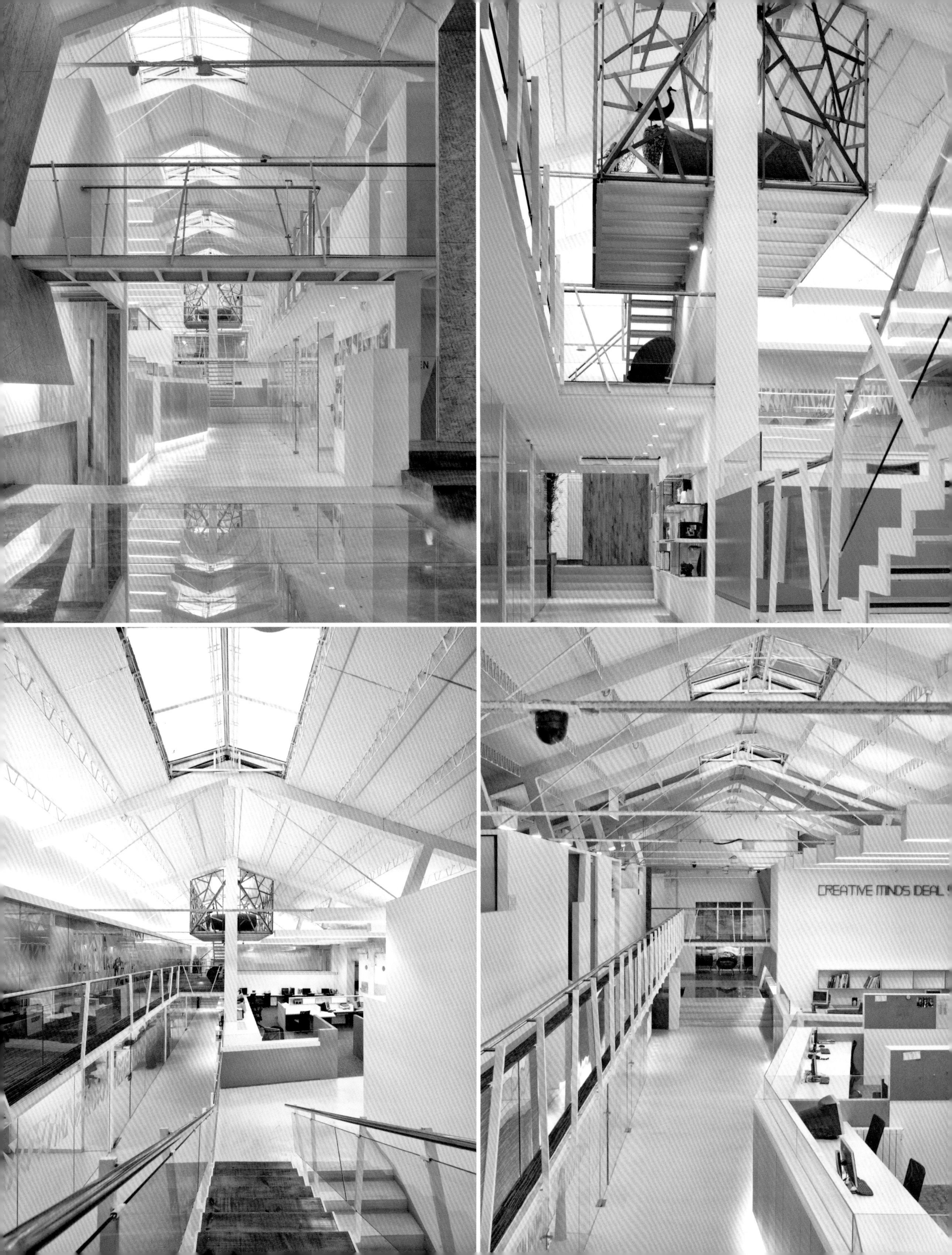
CREATIVE MINDS IDEAL

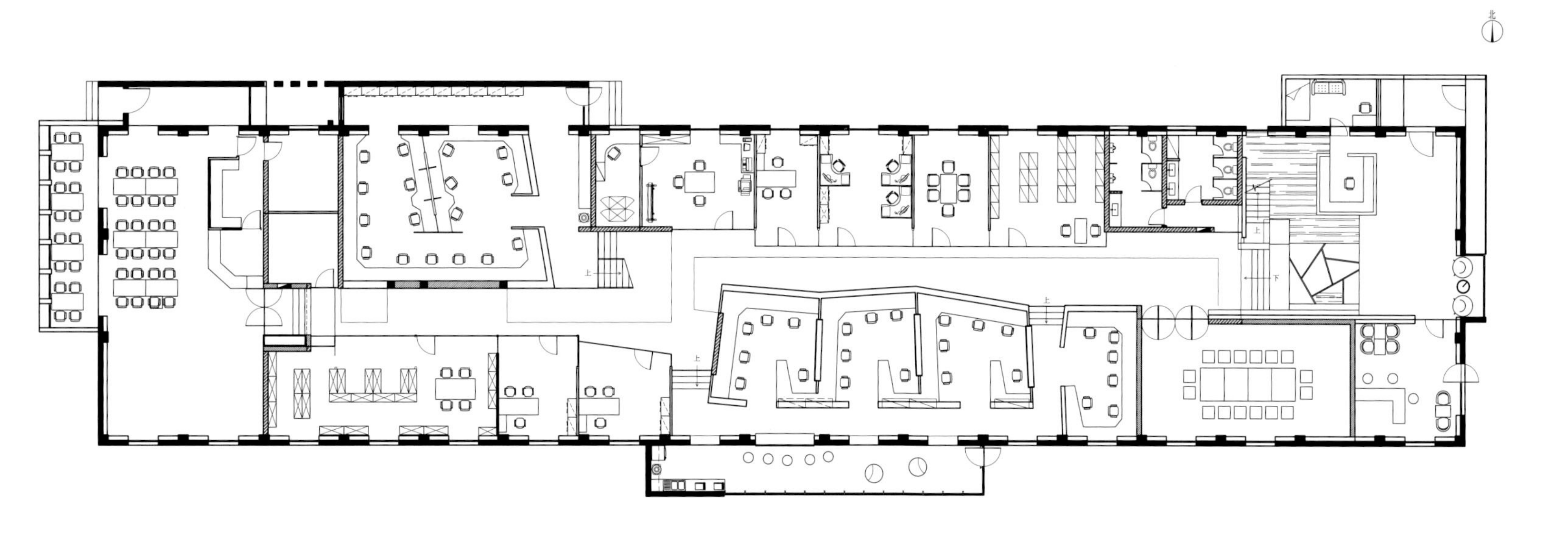

平面图

主案设计:
陈轩明 Chen Xuanming
博客:
http:// 822406.china-designer.com
公司:
DPWT Design Ltd
职位:
董事

奖项:
2011金堂奖室内设计评选年度十佳公共空间
筑巢奖2010中国国际空间环境艺术设计大赛三等奖
“欧普•光•空间杯”办公空间照明应用设计大赛中国top10办公空间照明应用设计年度人物奖（2010）
亚太室内设计双年大奖赛入围

项目:
北京首都时代广场地铁通道
香港嘉禾青衣电影城
香港嘉禾荃新电影城
美丽华酒店办公室
香港嘉禾青衣电影城
香港嘉禾荃新电影城
维健牙医诊所
深圳嘉里物流
上海嘉里物流

爱立信北京总部
Ericsson Beijing

A 项目定位 Design Proposition
沟通是现今新办公室最重要的要素。随着建立需要私人空间的环境，创造积极愉快的气氛，从而促进集体的智能和积极性。

B 环境风格 Creativity & Aesthetics
色彩给予我们的不仅仅停留在视觉层面，而且也深入了精神层面。在一个色彩搭配协调的办公空间，员工的心情和工作效率会得到提高。

C 空间布局 Space Planning
提高空间的利用率。将部分座位改为Multiflex方式，节约大约1/2的空间，把这些空间改造成Meeting hub或Business lounge，供员工休息或召开非正式会议。另外将首层原有的茶水间改造成Mini Coffee Bar。

D 设计选材 Materials & Cost Effectiveness
用色彩来划分办公室功能区域，枫木家具、灰白颜色和彩色乳胶漆墙面、色彩鲜明的家具和海报的组合，构成了办公室温馨的公共空间，与办公区的“冷”截然不同，在这里，沟通变得很容易。

E 使用效果 Fidelity to Client
该项目完工后，业主对验收后的设计和装修效果表示非常满意。

Project Name_
Ericsson Beijing
Chief Designer_
Chen Xuanming
Participate Designer_
Wu Yongli, Chen Bin
Location_
Beijing Chaoyang
Project Area_
4,000sqm
Cost_
5,000,000RMB

项目名称_
爱立信北京总部
主案设计_
陈轩明
参与设计师_
吴永利、陈斌
项目地点_
北京市 朝阳区
项目面积_
4000平方米
投资金额_
500万元

LEAD BY
LEARNING
NESCAFÉ

NOW HERE THERE SHARED
HERE THERE SHARED
POWER FOR THE PEOPLE

WORLD
IT'S A BIG

主案设计：
刘红蕾 Liu Honglei
博客：
http://131948.china-designer.com
公司：
深圳毕路德建筑顾问有限公司
职位：
创意总监

奖项：
金外滩奖优秀酒店设计奖
广州国际设计周"金堂奖"最佳酒店空间设计
亚太室内设计大奖（APIDA）优秀奖
第六届IDC酒店设计奖最佳酒店设计
《INTERIOR DESIGN》中文版"金外滩"奖最佳办公空间设计

项目：
海口鸿州埃德瑞皇家园林酒店
国电宁夏太阳能有限公司办公室
南海意库
国电宁夏多晶硅厂房办公室

青岛中海大厦
Zhonghai Buildng Sales Center, Qingdao

A 项目定位 Design Proposition
本案以"现代、商务、明快、艺术"为基调。

B 环境风格 Creativity & Aesthetics
精装样板区整体是优雅的商务氛围，在办公区，我们采用镂空的隔断、通透的玻璃替代实体隔墙，围合的空间和开敞的空间交融在一起，让私人空间和公共空间并存。

C 空间布局 Space Planning
通过自由的平面布局和环绕的流线，创造通透与半通透，开放与半开放的空间形式，使视线得以延展，空间因此具有现代内敛的气质，极具艺术美感。

D 设计选材 Materials & Cost Effectiveness
以天然的木和石材作为主要装饰材料，再配以时尚而简约的现代家具，给人一种时尚、舒适、温馨的空间体验。

E 使用效果 Fidelity to Client
通过增加一些水景和小面积的绿色区域，使空间仍然保持温暖、亲切的感觉。

Project Name_
Zhonghai Buildng Sales Center, Qingdao
Chief Designer_
Liu Honglei
Participate Designer_
Hu Jiayi
Location_
Shandong Qingdao
Project Area_
900sqm
Cost_
3,000,000RMB

项目名称_
青岛中海大厦
主案设计_
刘红蕾
参与设计师_
胡家艺
项目地点_
山东 青岛
项目面积_
900平方米
投资金额_
300万元

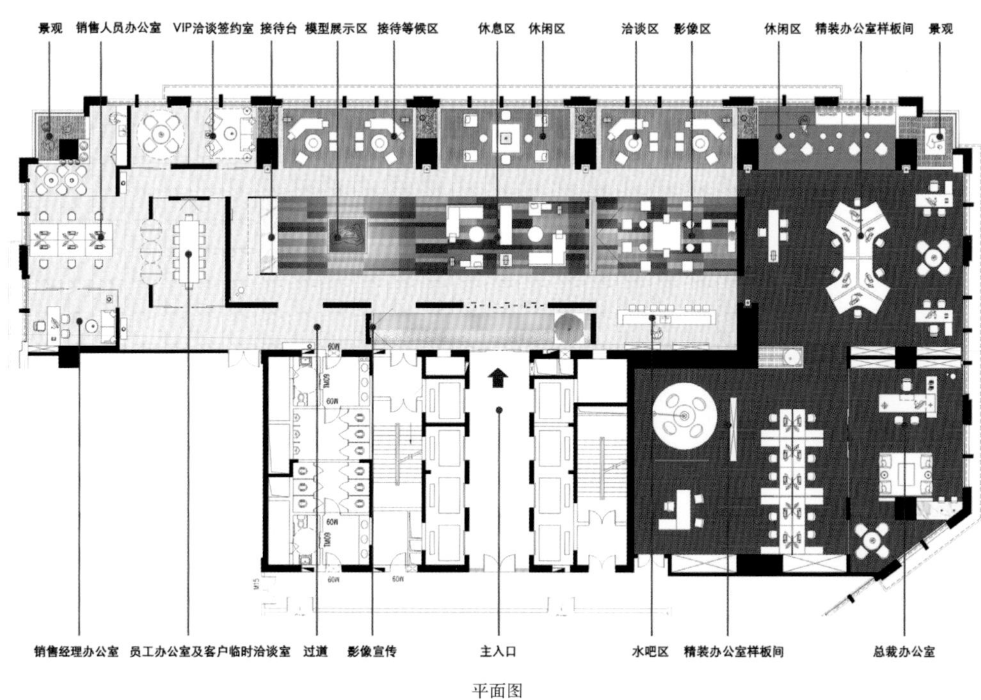

平面图

主案设计：
陈颖 Chen Yin
博客：
http:// 157932.china-designer.com
公司：
深圳秀城设计顾问有限公司
职位：
设计总监

奖项：

2010年获“国际空间设计大赛---艾特奖最佳办公空间设计提名奖”

2010年秀城设计公司获2010年第五届中国（深圳）国际室内设计文化节“大中华区最具影响力设计机构奖”

2011年获“金堂奖2011年年度办公空间优秀设计作品奖”项目

项目：

风临洲售楼处

风临域售楼处

深圳市天润腾达融资担保有限公司

Shenzhen Tian Run Teng Da Financing Guarantee Co.,Ltd.

A 项目定位 Design Proposition

和同区域大多数温暖色调的珠宝企业有所不同，空间理性而明快，注重工业化产品在现代办公空间的运用，尤其是精细的金属玻璃构建。

B 环境风格 Creativity & Aesthetics

与同类型金融公司比较，空间调子明朗轻快而且时尚。

C 空间布局 Space Planning

围绕中间开放办公在周边布置管理办公室，几乎全通透的玻璃隔断让空间扩张，建立透明、开放的企业文化形象。

D 设计选材 Materials & Cost Effectiveness

环保材料，循环再生。

E 使用效果 Fidelity to Client

办公空间运营后，树立了全新的金融企业形象，和企业透明高效特质相呼应。

Project Name_
Shenzhen Tian Run Teng Da Financing Guarantee Co.,Ltd.
Chief Designer_
Chen Yin
Participate Designer_
Chen Guanhui, Chen Lamei
Location_
Shenzhen Luohu Shuibeizhubaochen
Project Area_
600sqm
Cost_
2,500,000RMB

项目名称_
深圳市天润腾达融资担保有限公司
主案设计_
陈颖
参与设计师_
陈广晖、陈腊梅
项目地点_
深圳 罗湖区 水贝珠宝城
项目面积_
600平方米
投资金额_
250万元

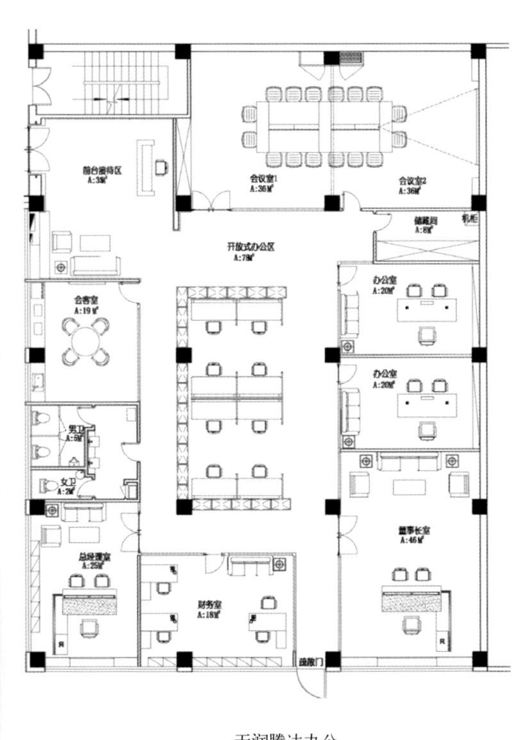

天润腾达办公

主案设计：
萧爱彬 Xiao Aibin
博客：
http:// 165141.china-designer.com
公司：
上海萧视设计装饰有限公司
职位：
董事长、设计总监

奖项：
2012年最时尚家居 最佳创意奖
2011年当选中国室内设计年度影响力人物(CIID)
2011年CIID中国建筑学会第一届学会奖 评委
2011年获得中国十大高端住宅设计师称号

项目：
2012年香港匡湖居
2011年谷香九号
2009年“瞬息”

萧氏设计
Shanghai Xiaoshi Design&Decoration Co.,Ltd.

A 项目定位 Design Proposition
这个私家园子面积虽不大，但客户都喜欢，都愿身在园子里看谈设计，谈天，喝茶，抽烟。平时也是公司员工休息放松的一个好地方，阳光充足，空气清新。

B 环境风格 Creativity & Aesthetics
这次公司大改造，园子无疑成了重点，因为打开了朝南的窗，原本只有一个朝向的园子，一下子阳光透过树影直射入接待大厅，私家园子完全坦露在大厅里。观赏的要求就高了，搞的不好就污染了环境，影响了视觉。

C 空间布局 Space Planning
空间诗意而富有情趣，自在而不可多得。

D 设计选材 Materials & Cost Effectiveness
环保材料，循环再生。

E 使用效果 Fidelity to Client
办公空间运营后，树立了全新的金融企业形象，和企业透明高效特质相呼应。

Project Name_
Shanghai Xiaoshi Design&Decoration Co.,Ltd.
Chief Designer_
Xiao Aibin
Location_
Shanghai
Project Area_
350sqm
Cost_
1,000,000RMB

项目名称_
萧氏设计
主案设计_
萧爱彬
项目地点_
上海
项目面积_
350平方米
投资金额_
100万元

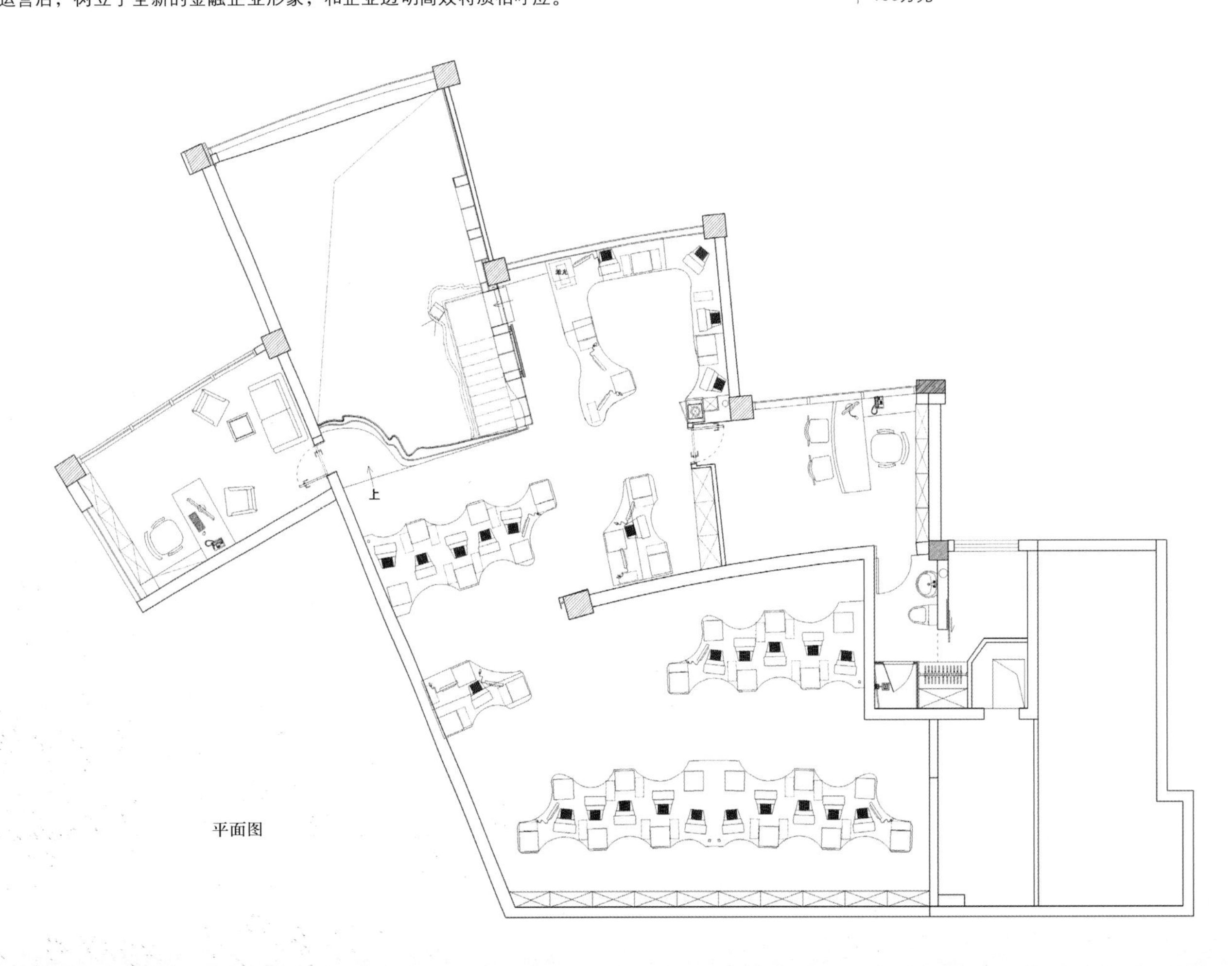

平面图

主案设计：
罗劲 Luo Jing
博客：
http:// 361859.china-designer.com
公司：
北京艾迪尔建筑装饰工程有限公司
职位：
设计总监、总经理

奖项：
金堂奖•2010 China-Designer中国室内设计年度评选 年度优秀办公空间
2012年度中国建筑装饰绿色环保设计五十强企业
2012“照明周刊杯”中国照明应用设计大赛北京赛区佳作奖

项目：
艾迪尔商务中心
腾讯科技（北京、深圳、成都、天津、上海）
安捷伦科技（成都）
丰田汽车（中国）
雪佛龙（中国）
广发基金
金地国际花园
朗琴园
和泓房地产

腾讯科技（深圳万利达大厦）
Tencent Technology (Malata Technology Mansion)

A 项目定位 Design Proposition
作为腾讯科技在深圳主要办公区域之一，本案位于深圳市南山区深南大道科技中一路，紧邻腾讯大厦。

B 环境风格 Creativity & Aesthetics
设计范围从2～18层共约40000平方米左右。设计功能主要包括办公、会议、员工餐厅及健身娱乐等内容。将来使用部门主要为腾讯公司互娱、游戏研发部门。结合腾讯公司的企业性质、公司文化及使用部门的特点，我们以“科技、创新、人性化及个性化延伸”作为主要设计理念。

C 空间布局 Space Planning
以空间、形态造型组合作为定义不同功能区的设计手法，准确找出和定义了如员工餐厅、开放办公、会议等不同功能区的不同特点、表情、氛围。
每一层的固定位置都是各层的茶水休闲区，我们充分利用不同的立体形体元素进行穿插、组合很生动的形成了一系列的趣味空间，很好的调剂了整体办公环境氛围。

D 设计选材 Materials & Cost Effectiveness
在本案设计中，我们采用了有意的留白手法。将一部分墙面、空间划分出来不做装饰，留给不同部门入住后自己装点。

E 使用效果 Fidelity to Client
本案的留白设计广受使用者欢迎，同时为我们的设计注入了更为生动的语言。

Project Name_
Tencent Technology (Malata Technology Mansion)
Chief Designer_
Luo Jing
Participate Designer_
Zhang Xiaoliang, Huang Liyuan, Zhang Qing
Location_
Shenzhen
Project Area_
40,000sqm
Cost_
80,000,000RMB

项目名称_
腾讯科技（深圳万利达大厦）
主案设计_
罗劲
参与设计师_
张晓亮、黄丽元、张清
项目地点_
深圳
项目面积_
40000平方米
投资金额_
8000万元

COLLABORATION

主案设计：
马劲夫 Ma Jingfu
博客：
http:// 467647.china-designer.com
公司：
广州市和马装饰设计有限公司
职位：
创意总监

奖项：
2011年金堂奖10大娱乐空间设计师
2010年金堂奖10大购物空间设计师
2010年金堂奖10大餐饮空间设计师
获2010年珠三角室内设计锦标赛酒店空间组金奖
获第四届、第五届、第六届全国室内设计双年展优秀奖
2009年被中国饭店协会授予“中国十大酒店空间设计师”称号
获2009年中国饭店业设计大赛综合型度假酒店银奖
获2007年IIDA第三届国际室内设计金奖

项目：
云南丽江福国大饭店
帝美灯公馆　　金濠御宴

和马建设1850创意园办公室

1850 Creative Industry Park Wellmark Design Office

A 项目定位 Design Proposition
三旧改造创意园自建办公室，利用原来工厂的部分建筑梁柱，重新搭建和改造出舒适的办公空间。

B 环境风格 Creativity & Aesthetics
充分利用原有厂房特色，做出具有工业味和文化味相结合的办公外立面。

C 空间布局 Space Planning
内部空间布局则以人为本，功能至上，最注重的是办公的采光和通风，节能和环保。亮点是会议室是个完全可以折叠开启的全落地玻推拉门，让会议室瞬间变成了大阳台。充分与阳光空气接触。

D 设计选材 Materials & Cost Effectiveness
材料上采用了环保材料，施工工艺上也采用粗材精做的方式。例如大量使用无甲醛排放的欧松板，做不同比例和切割的划分。又如100mmx100mm的黑色烧面花岗石留5mm细缝做室外平台地面铺贴，再用立体的方式黏贴成立体构成作为矮墙并设置logo等等性价比高而具有良好视觉效果的手法。

E 使用效果 Fidelity to Client
充分体现了创意园区空间的优势，把原来老厂房的价值完全提升。接待意大利设计师一行人受到一致好评。

Project Name_
1850 Creative Industry Park Wellmark Design Office
Chief Designer_
Ma Jingfu
Participate Designer_
Ma Junqing, Chen Jiansheng, Wang Jianting
Location_
Guangzhou Fangcun
Project Area_
450sqm
Cost_
800,000RMB

项目名称_
和马建设1850创意园办公室
主案设计_
马劲夫
参与设计师_
马峻青、陈健生、王建亭
项目地点_
广州市 芳村区
项目面积_
450平方米
投资金额_
80万元

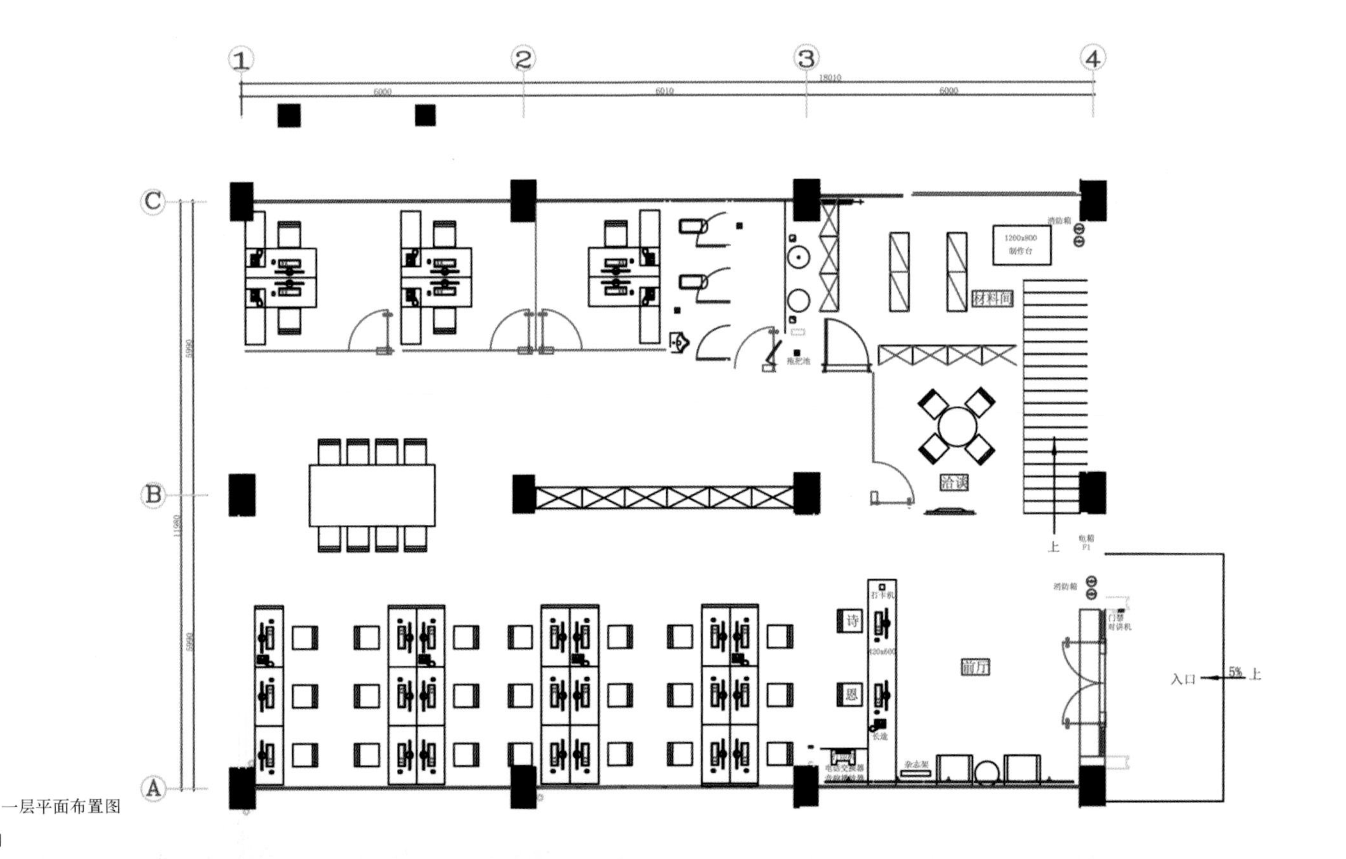

一层平面布置图

WWW.WELLMARK.NET.CN

主案设计：
陈飞杰 Chen Feijie
博客：
http:// 480826.china-designer.com
公司：
陈飞杰香港设计事务所
职位：
总经理、首席设计师

奖项：
2011年度金堂奖十佳购物空间设计作品
2011年度国际创新优秀设计师
2011年度装饰界凤凰奖之最具品牌力设计院所
2010年度中国建筑装饰绿色环保设计百强企业
2010年度金堂奖十佳餐饮空间设计作品
2010年度金堂奖优秀休闲空间设计作品

项目：
深圳凤凰谷别墅样板房
无锡东鹏国际酒店
长城装饰卓越时代写字楼
Hacker(德国)橱柜上海展厅
米勒贵族电器杭州展厅
YING卫浴全国连锁终端店设计
吉事多卫浴全国连锁终端店设计
厨子餐饮连锁机构欢乐颂店、天利店
伊丽莎白美容美体机构广州店
阳光医疗美容机构深圳总店
无锡中华美食博览城

广东东莞乐富房地产公司

Dongguan LOFE Real Estate Headquarters Office Project

A 项目定位 Design Proposition

作品定位为商业地产公司的办公环境，承载着凸显地产公司的历史感、经济实力与沉稳务实企业作风的使命。

B 环境风格 Creativity & Aesthetics

摒弃一般办公环境给人们留下的粗淡、清浅的环境印象，运用较为细腻的细部、较为鲜明的色彩处理，令办公空间一样可以散发出浓郁的观感，令来访者印象深刻。

C 空间布局 Space Planning

主要交通楼梯以优美的弧线型展翼在整体布局的中心部位，可以加强左右对称的平面布局，有效区隔行政高层与普通员工办公空间，令空间布局纯粹而完整。

D 设计选材 Materials & Cost Effectiveness

石材、木材的搭配，金属线条的点缀。

E 使用效果 Fidelity to Client

办公运营高效、办公环境获得来访客户的一致好评。

Project Name_
Dongguan LOFE Real Estate Headquarters Office Project
Chief Designer_
Chen Feijie
Participate Designer_
Xia Chunhui
Location_
Dongguan Zhangmutou
Project Area_
1,880sqm
Cost_
7,000,000RMB

项目名称_
广东东莞乐富房地产公司
主案设计_
陈飞杰
参与设计师_
夏春卉
项目地点_
东莞 樟木头
项目面积_
1880平方米
投资金额_
700万元

主案设计：
潘锦秋 Pan Jinqiu
博客：
http:// 500038.china-designer.com
公司：
潘锦秋室内设计事务所
职位：
设计总监

项目：
万科金色家园
石湖华城别墅
德邑别墅
庭院别墅
平门府
中梁本岸别墅

潘锦秋室内设计事务所
Pan Jinqiu Interior Design Office

A 项目定位 Design Proposition
作为公司的办公室，我个人把他定位在中高端能迎合现有的和未来的客户群体。

B 环境风格 Creativity & Aesthetics
设计风格我一贯延续着自己的审美要求，追求自然、现代、简洁，把自然界中的很多天然材质与现代感很强的材质去碰撞。

C 空间布局 Space Planning
这个作品在空间的布局上采用了全开放的模式，不在分成独立的区域来处理，让整个工作环境更舒服和流畅。

D 设计选材 Materials & Cost Effectiveness
作品在选材上还是尽量多的利用了天然的材料去刻画，力求达到我想要表达的效果。

E 使用效果 Fidelity to Client
在整个工程结束后，很多现有客户和沟通过程中的客户包括业内人事都十分喜欢这样的感觉，在整个空间里可以让你最大程度的放松和娱乐，能最大化的利用这个奇妙的空间。

Project Name_
Pan Jinqiu Interior Design Office
Chief Designer_
Pan Jinqiu
Location_
Suzhou Jiangsu
Project Area_
160sqm
Cost_
200,000RMB

项目名称_
潘锦秋室内设计事务所
主案设计_
潘锦秋
项目地点_
江苏 苏州
项目面积_
160平方米
投资金额_
20万元

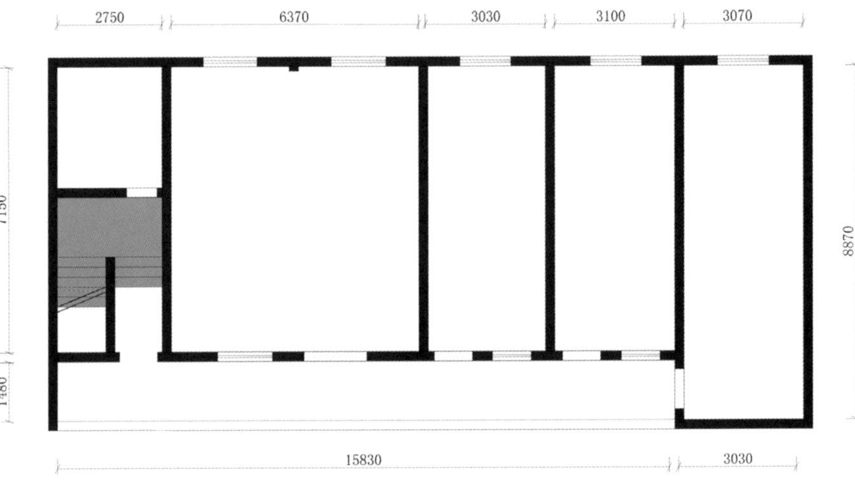

办公室装修图纸

主案设计：
陈志斌 Chen Zhibin
博客：
http:// 501795.china-designer.com
公司：
鸿扬集团 陈志斌设计事务所
职位：
创意总监

奖项：
第15届香港亚太室内设计大奖赛样板房类别银奖
第四届海峡两岸四地室内设计大赛住宅工程类特等奖
"尚高杯"中国室内设计大赛商业方案类一等奖
中国室内空间环境艺术设计大赛展示空间一等奖

项目：
抽象水墨
私享的盛宴
长沙心皈样泊岸板间

优仕设计私享馆
Pivate Design of YOURS

A 项目定位 Design Proposition
在城市新区寻得一方净土，去除繁杂喧嚣，有鸿儒谈笑，与优仕为邻，以思想为媒，设私享之计，是为优仕设计私享馆。

B 环境风格 Creativity & Aesthetics
浅色为天地，木石计四面，镜钢跳跃，玻璃柔美，花格九副，或宽或窄，分割空间节奏。

C 空间布局 Space Planning
语言精练，色配深浅，木——质感丰富。

D 设计选材 Materials & Cost Effectiveness
石——山高水远，家具——华丽大度，灯饰——白云舒卷。

E 使用效果 Fidelity to Client
优质中国生活之关联。

Project Name_
Pivate Design of YOURS
Chief Designer_
Chen Zhibin
Location_
Hunan Changsha
Project Area_
630sqm
Cost_
920,000RMB

项目名称_
优仕设计私享馆
主案设计_
陈志斌
项目地点_
湖南 长沙市
项目面积_
630平方米
投资金额_
92万元

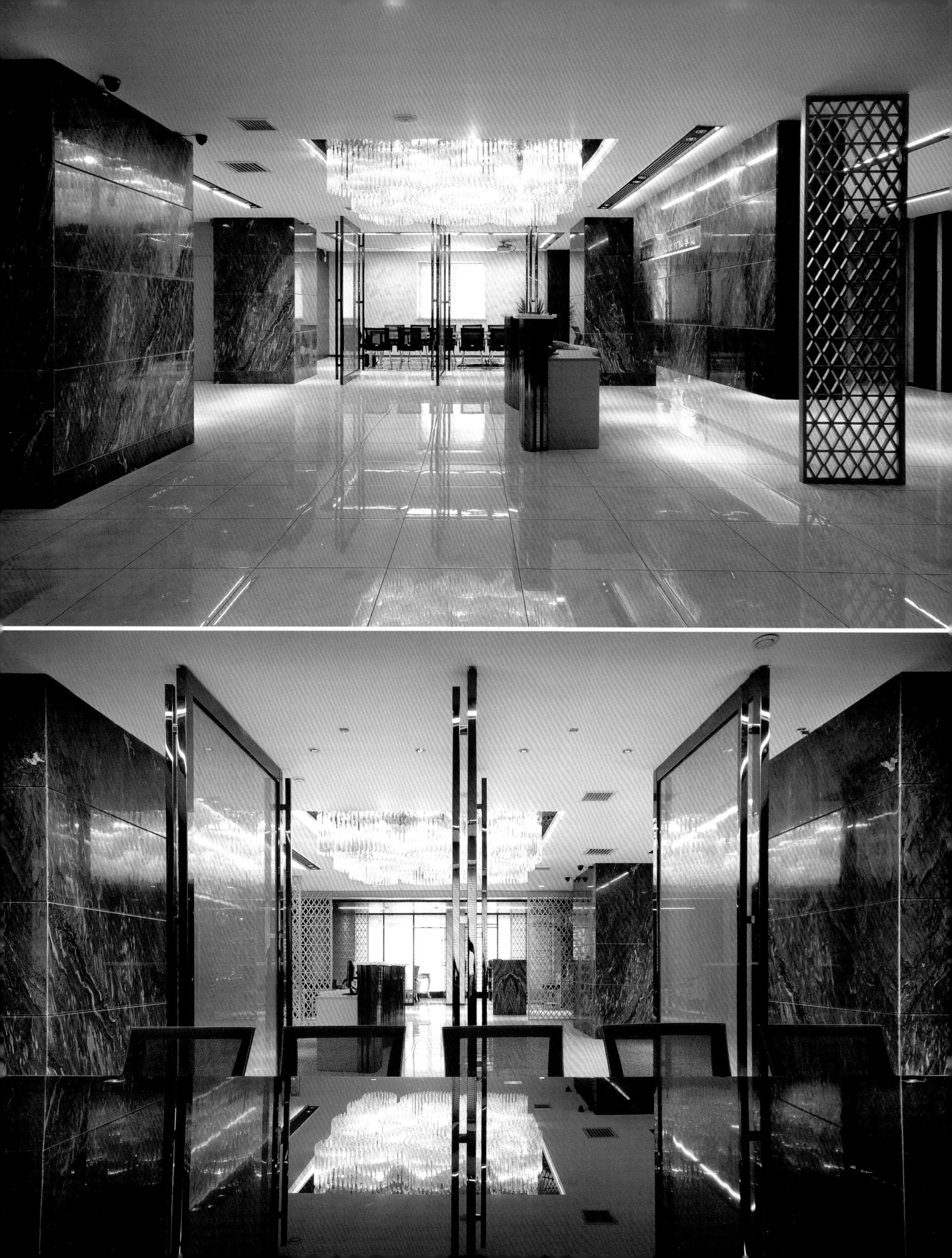

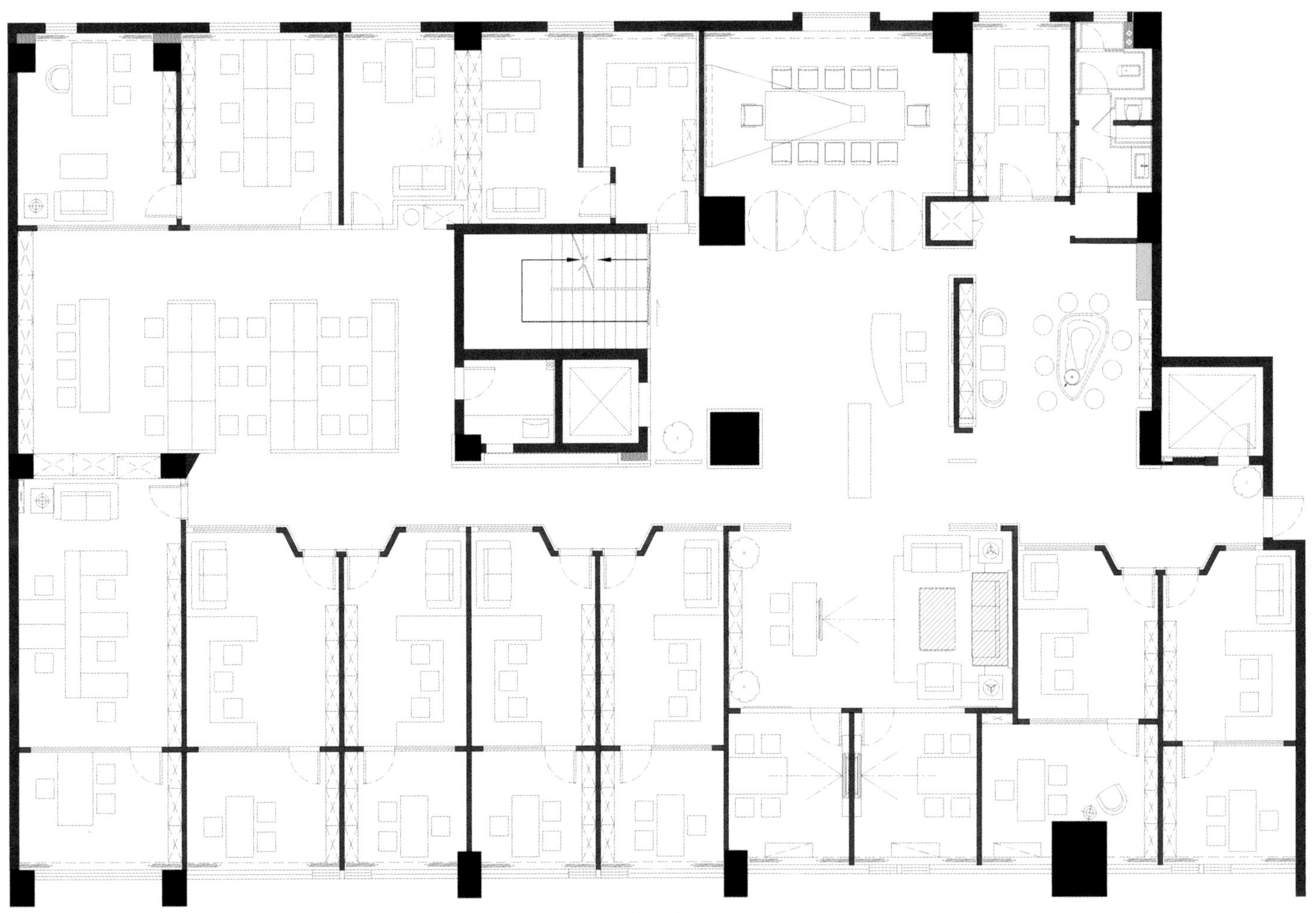

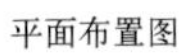
平面布置图

主案设计：
周诗晔 Zhou Shihua
博客：
http:// 511014.china-designer.com
公司：
上海现代建筑装饰环境设计研究院有限公司
职位：
装饰三所副所长

奖项：

中国•上海第八届建筑装饰设计大赛公共建筑（行政办公空间类）优秀奖

中国•上海第八届建筑装饰设计大赛公共建筑（商场、专卖店、商铺类）二等奖

中国建筑装饰协会2010"照明周刊杯"中国照明应用设计大赛上海赛区二等奖；

金堂奖2011年度十佳办公空间

项目：

中央电视台新台址工程室内设计
国家商务部扩建办公用房工程室内设计
张杨路25号大楼装修工程
莆田"三信•金鼎广场"整体设计
申能能源中心室内设计
河南省电力公司室内设计

复兴商厦改造

Enovation project of Fu-Xing commercial building

A 项目定位 Design Proposition

作为商办综合楼使用的复兴商厦为1990年代设计建造，为隐框玻璃幕墙构造，此楼堪称那个时代的缩影，现在看来显得与周边的环境格格不入。这也引发了设计师的思考，希望以现今设计思潮反思高速现代化建设背后充斥的文化缺失。

B 环境风格 Creativity & Aesthetics

在改造风格上，建筑设计师与室内设计师皆不约而同想到了Art Deco风格，这种看似传统又具有创新精神的风格最能体现海纳百川的上海精神，同时也能很好地与周边环境相契合。Art Deco浓郁的装饰主义色彩，为改造后的复兴商厦增添了其商业格调与品位。

C 空间布局 Space Planning

餐厅的设计十分典雅清新，白色主色调点缀以红色与黑色，为员工们创造了一个舒适的用餐地点；圆桌会议室则显得庄重华丽一些，水晶吊顶、白色皮质椅子令原本不大的空间熠熠生辉；最吸引人的当属屋顶花园了，员工们在忙碌了一天之后，来到这里，远眺美景，呼吸室外的清新空气当真是工作之余最快意之事了！ 麻雀虽小、五脏俱全，设计师以贴心的设计从细节着手，为企业员工营造出一个舒适人性化的工作生活空间。

D 设计选材 Materials & Cost Effectiveness

用材上严格遵循环保、节能、环境无负担的理念。

E 使用效果 Fidelity to Client

本项目作为一个装饰风格浓厚的Art Deco室内装饰项目，投入使用后获得业主的交口称赞。

Project Name_
enovation project of Fu-Xing commercial building
Chief Designer_
Zhou Shihua
Participate Designer_
Wang Xiaozhen, Wang Menglu
Location_
Luwan Shanghai
Project Area_
6,000sqm
Cost_
30,000,000RMB

项目名称_
复兴商厦改造
主案设计_
周诗晔
参与设计师_
王晓真、王梦露
项目地点_
上海市 卢湾区
项目面积_
6000平方米
投资金额_
3000万元

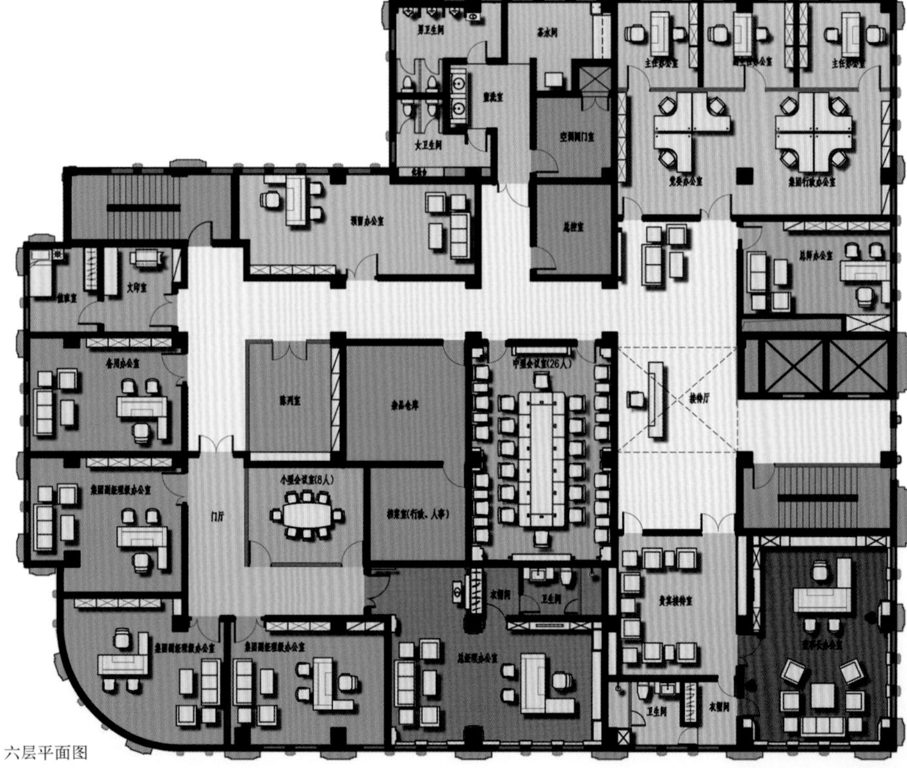

六层平面图

主案设计：
周诗晔 Zhou Shihua
博客：
http:// 511014.china-designer.com
公司：
上海现代建筑装饰环境设计研究院有限公司
职位：
装饰三所副所长

奖项：

中国•上海第八届建筑装饰设计大赛公共建筑（行政办公空间类）优秀奖

中国•上海第八届建筑装饰设计大赛公共建筑（商场、专卖店、商铺类）二等奖

中国建筑装饰协会2010“照明周刊杯”中国照明应用设计大赛上海赛区二等奖；

金堂奖2011年度十佳办公空间

项目：

中央电视台新台址工程室内设计
国家商务部扩建办公用房工程室内设计
张杨路25号大楼装修工程
莆田“三信•金鼎广场”整体设计
申能能源中心室内设计
河南省电力公司室内设计

花旗软件技术服务公司浦东软件园三期工程

CSTS Pudong Software Park Phase-3 project

A 项目定位 Design Proposition

本团队有幸参与了花旗软件技术服务公司浦东软件园三期工程室内设计，业主以LEED金奖为目标，经过设计与业主的共同努力，本项目已成功获评为LEED CI金奖认证。

B 环境风格 Creativity & Aesthetics

在本项目的设计上我们便立意与不仅在选材上符合LEED的要求，更要表达出LEED内涵的“绿色精神”——即通过室内设计，传达出先进的环保理念，构建和谐人性化的室内环境。并将LEED理念传达给每一个进入该空间的员工、访客。

C 空间布局 Space Planning

我设计方案的重点如下：1. 员工区尽量紧凑，集中设置更多的共享区域，确保每一层有开放式茶歇区、活动室、公共会议室、洽谈室等公共设施，每层的卫生间面积和厕位不减反增，员工位的密度虽然增加了，但获得了更多的公共交流、休闲空间；2. 不采用豪华昂贵的建材，选材以功能性、环保性为指针，通过对普通材料艺术化的处理，打造出清新简约、趣味盎然的空间；3. 设计要求建材尽可能采用工厂加工、现场组装的模式，确保现场污染降到最低，在LEED顾问的指导下，选用能节能、环保的设备、产品。

D 设计选材 Materials & Cost Effectiveness

本案选材强调环保、节能、可持续发展。

E 使用效果 Fidelity to Client

给业主提供了一个环保无污染的办公环境。公共空间使用率极高。

Project Name_
CSTS Pudong Software Park Phase-3 project
Chief Designer_
Zhou Shihua
Participate Designer_
Wang Menglu
Location_
Pudong Shanghai
Project Area_
130,000sqm
Cost_
20,000,000RMB

项目名称_
花旗软件技术服务公司浦东软件园三期工程
主案设计_
周诗晔
参与设计师_
王梦露
项目地点_
上海 浦东新区
项目面积_
130000平方米
投资金额_
2000 万元

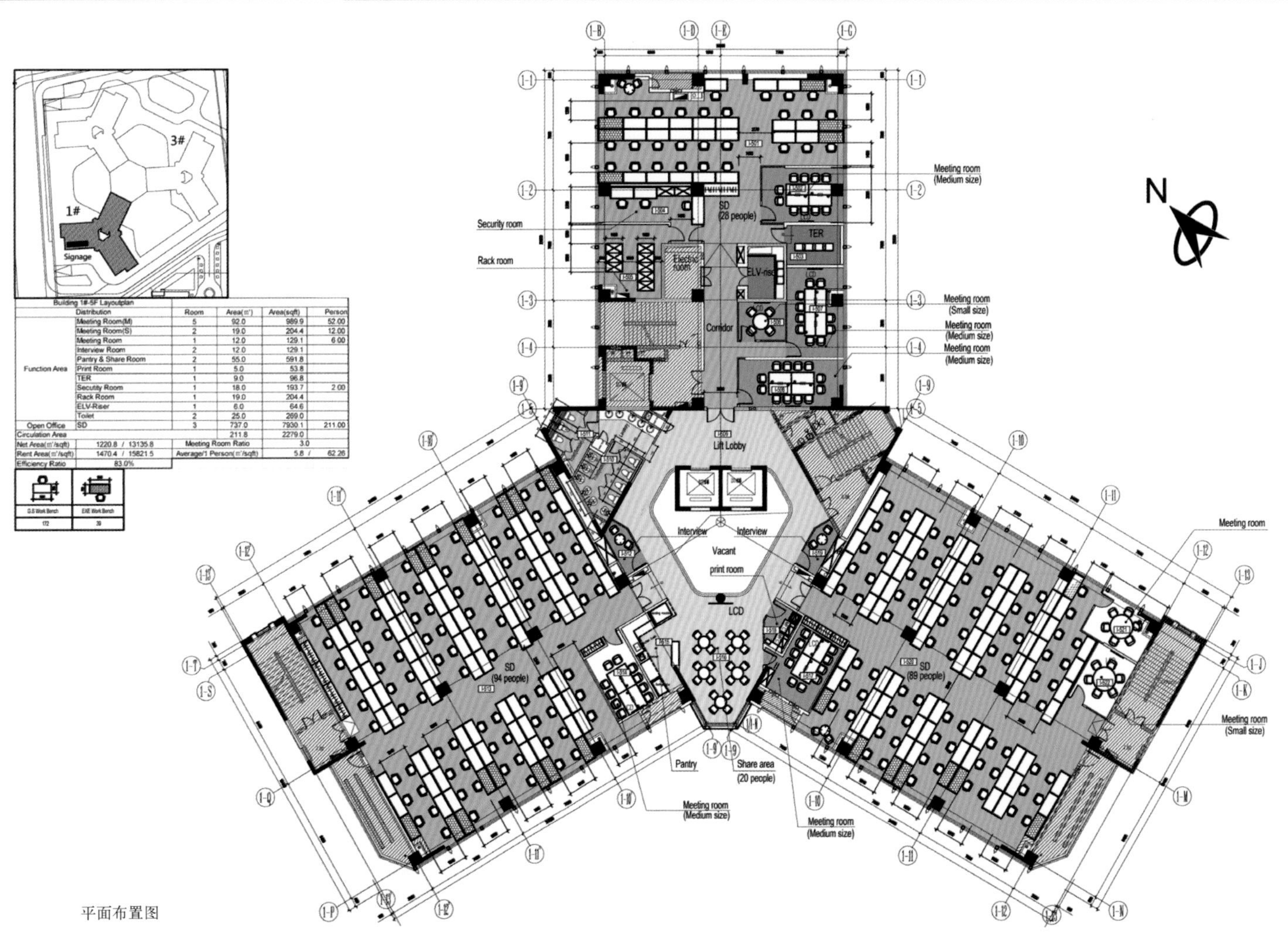

Building 1#-5F Layoutplan						
	Distribution	Room	Area(㎡)	Area(sqft)	Person
Function Area	Meeting Room(M)	5	92.0	989.9	52.00
	Meeting Room(S)	2	19.0	204.4	12.00
	Meeting Room	1	12.0	129.1	6.00
	Interview Room	2	12.0	129.1	
	Pantry & Share Room	2	55.0	591.8	
	Print Room	1	5.0	53.8	
	TER	1	9.0	96.8	
	Secutity Room	1	18.0	193.7	2.00
	Rack Room	1	19.0	204.4	
	ELV-Riser	1	6.0	64.6	
	Toilet	2	25.0	269.0	
Open Office	SD	3	737.0	7930.1	211.00
Circulation Area			211.8	2279.0	
Net Area(㎡/sqft)	1220.8 / 13135.8	Meeting Room Ratio		3.0	
Rent Area(㎡/sqft)	1470.4 / 15821.5	Average/1 Person(㎡/sqft)		5.8 /	62.26
Efficiency Ratio	83.0%				

平面布置图

citi
Meeting Room 1502

citi

主案设计：
姜红梅 Jiang Hongmei
博客：
http:// 744968.china-designer.com
公司：
南京海通集团装饰公司
职位：
设计总监

奖项：
江苏议事园酒店设计荣获2007年南京室内设计大赛优秀奖
2008年荣获年底室内设计十大新锐人物奖
中关村外包产业园设计荣获中国国际设计艺术博览会办公类 二等奖

项目：
2008年中关村外包产业园设计
2011年南京通讯技术研发基地办公楼设计
2011年新港东区办公楼设计
2011年新港人才服务中心设计

中国无线谷-未来网络谷
China Wireless Valley

A 项目定位 Design Proposition
此项目由9栋单体组成，中心楼为主体，长廊把每栋单体建筑与主体连接起来。

B 环境风格 Creativity & Aesthetics
建筑设计整体统一，简洁明快，具有时代感，智能化，生态国际化办公楼。

C 空间布局 Space Planning
在主体空间与次空间以黑白灰为主基调，在重要公共空间中局部用材，色彩上做变化，力求整体统一中有细节变化。

D 设计选材 Materials & Cost Effectiveness
设计中引入工业化，高科技概念，空间分块采用模数化，易于安装，节约成本，便于维护。

E 使用效果 Fidelity to Client
简洁明快，现代化办公空间，线条干净利落。

Project Name_
China Wireless Valley
Chief Designer_
Jiang Hongmei
Participate Designer_
Lv Hongxiang, Tai Shiyuan, Chang Guangxiang
Location_
Nanjing Jiangning
Project Area_
80,000sqm
Cost_
80,000,000RMB

项目名称_
中国无线谷-未来网络谷
主案设计_
姜红梅
参与设计师_
吕红香、台世元、常广香
项目地点_
南京市 江宁经济开发区
项目面积_
80000平方米
投资金额_
8000万元

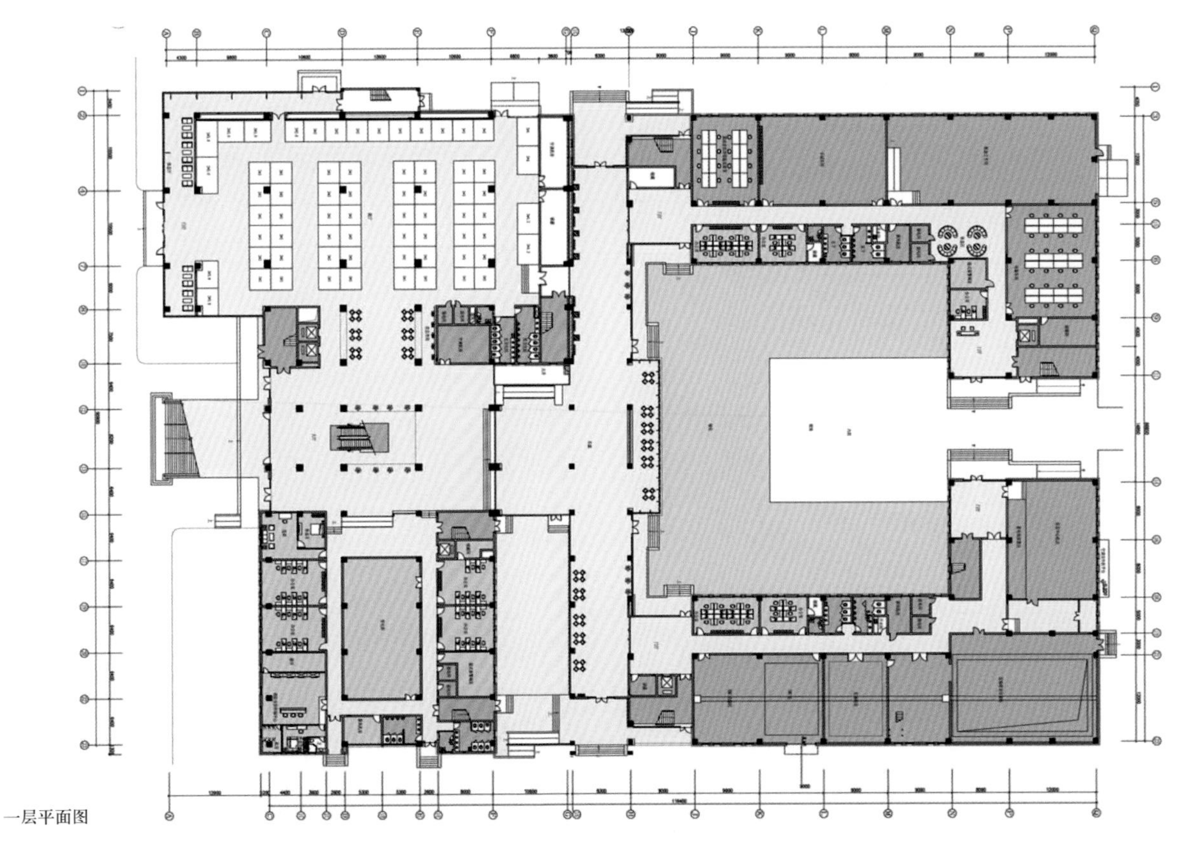

一层平面图

CNV
南京无线谷科技园发展有限公司
南京无线谷科技园创业

主案设计：
盛利 Sheng Li
博客：
http:// 810066.china-designer.com
公司：南京全筑装饰设计工程有限公司——盛利设计事务所
职位：
总监

奖项：
江苏省第八届室内装饰设计大赛中荣获居民住宅室内装饰设计二等奖

项目：

全筑-盛利-办公室

Designer Loft Office

A 项目定位 Design Proposition

都市人的怀旧浪漫的情结，优雅的办公环境是本案的主题。同时遗留工业化时代风格特点。水泥、红砖、原木等温润材料打造自然的环境。给使用者和来访者一个惊奇的感觉。

B 环境风格 Creativity & Aesthetics

中式风格元素、旧工厂的元素，自然材质反映使用者的需求和办公的主题特点。一切围绕设计工作为核心。反映大多从事设计行业人士的个性需求。同时也兼顾和尊重来访者的感觉。

C 空间布局 Space Planning

功能完备，整体布局疏密得当，良好空间尺度把握，自然的风格塑造。

D 设计选材 Materials & Cost Effectiveness

材质选择富有变化和特点，以自然和环保为永远的主题，因地制宜，物尽其用。

E 使用效果 Fidelity to Client

舒适、自然风格、效率，文化性、个性、是大家的评论！

Project Name_
Designer Loft Office
Chief Designer_
Sheng Li
Location_
Nanjing jinagsu
Project Area_
200sqm
Cost_
150,000RMB

项目名称_
全筑-盛利-办公室
主案设计_
盛利
项目地点_
江苏南京市
项目面积_
200平方米
投资金额_
15万元

主案设计：
Arnd Christian Mlle
博客：
http:// 820066.china-designer.com
公司：
艺赛（北京）室内设计有限公司
职位：
设计总监

奖项：
火星时代第二届室内设计大赛二等奖
金堂奖2011中国室内设计年度评选 别墅空间十佳

项目：
银杏别墅
安娜的家
别墅8201
阿莱克斯的家
仓鑫的工作室
盈科中心大堂

北京嘉业异通顾问有限公司
phenomenon

A 项目定位 Design Proposition
设计是一个永无止境的事业，该办公室到处充满了设计的元素，包括家具及配饰的选择，个性十足。

B 环境风格 Creativity & Aesthetics
明亮而温馨的色调，实木地板以及木丝吸音板使整个前台区域十分协调，温暖而亲切的欢迎每位访客的到来；随处可见的著名设计产品及自创的艺术品，装点整个空间。

C 空间布局 Space Planning
合理的空间布局和材料的运用让整个空间显得更宽敞明亮，舒适温馨。让每一位员工和访客能找到“家”的感觉。

D 设计选材 Materials & Cost Effectiveness
实木地板和实木订做的家具以及木丝吸音板，再加上灯光的运用，让整个空间先的舒适温馨；员工区采用德国进口的灯具，直接坐落在桌面上，小巧精致；设计师通过镜子使靠墙一侧的员工通过镜面反射与身后的同事交流，避免了员工长时间的“面壁思过”。

E 使用效果 Fidelity to Client
设计师将整个空间打造得尽善尽美，使每一位到访的客人感到温馨且亲切。

Project Name_
phenomenon
Chief Designer_
Arnd Christian Mlle
Participate Designer_
Qi Xinghong
Location_
Beijing Chaoyang
Project Area_
500sqm
Cost_
3,000,000RMB

项目名称_
北京嘉业异通顾问有限公司
主案设计_
Arnd Christian Mlle
参与设计师_
齐兴红
项目地点_
北京市 朝阳区
项目面积_
500平方米
投资金额_
300万元

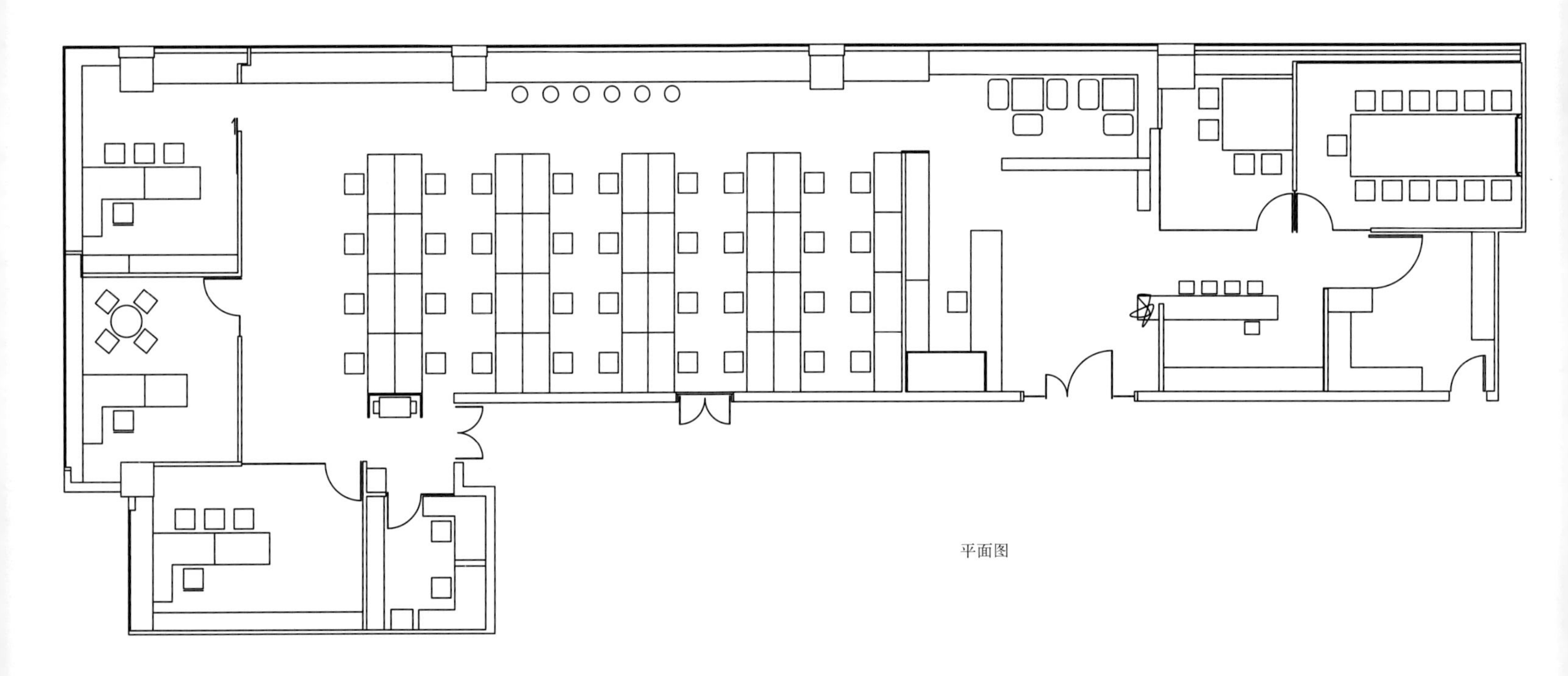
平面图

pH
ON
phenomenon

SCULPTURE

主案设计：
张明杰 Zhang Mingjie
博客：
http:// 820604.china-designer.com
公司：
中国建筑设计研究院
职位：
工作室主任

奖项：

2011年第14届中国室内设计大奖赛，办公工程类　金奖

2011年中国营造大赛　一等奖

2011年第二届中国国际空间环境艺术设计大奖赛，筑巢奖　银奖

2011年蓝星杯•第六届中国威海国际建筑设计大奖赛　优秀奖

项目：

首发大厦办公楼室内设计
昆山文化艺术中心影视中心设计
大同机场新航站楼室内设计
山东泰山桃花峪游客服务中心
中国神华集团总部办公楼室内设计
万达学院
北京金融街光大银行室内设计
中国文字博物馆

中国建筑设计集团办公楼
CAG Office Building

A 项目定位 Design Proposition

作为中国建筑设计行业的领军企业，新办公大楼定位既要体现设计行业的创新特点，还要适度展现国企应有的形象。

B 环境风格 Creativity & Aesthetics

与一般写字楼现代、简洁、国际化的风格相比，本案的设计重点落在了“中国”与“设计”上，风格上既要尊贵、大气，亦要体现经济、高效、甚至前卫的设计风格。

C 空间布局 Space Planning

作为办公楼，首先要实用、好用，通过大量模数化的空间分割与家具设计进而提高光能、热能的合理使用；而作为创意行业，各种交流与休憩空间在各楼层间巧妙穿插，结合活跃的色彩与灯具设计，激发设计师的无限创意。

D 设计选材 Materials & Cost Effectiveness

模数化的空间分割就需要大量模数化的成品装饰材料，进而提高施工效率；吊顶设备带的使用进一步贴合模数化设计的初衷，同时很大程度上提高了节能指数，更美化了办公环境。

E 使用效果 Fidelity to Client

充分体现中国建筑集团作为行业领军企业的雄厚实力与深厚背景，竣工后获得相关单位广泛好评。

Project Name_
CAG Office Building
Chief Designer_
Zhang Mingjie
Participate Designer_
Di Shiwu, Jiang Peng, Zhang Ran, Wang Mohan, Li Yi
Location_
Beijing
Project Area_
30,000sqm
Cost_
50,000,000RMB

项目名称_
中国建筑设计集团办公楼
主案设计_
张明杰
参与设计师_
邸士武、江鹏、张然、王默涵、李毅
项目地点_
北京
项目面积_
30000平方米
投资金额_
5000万元

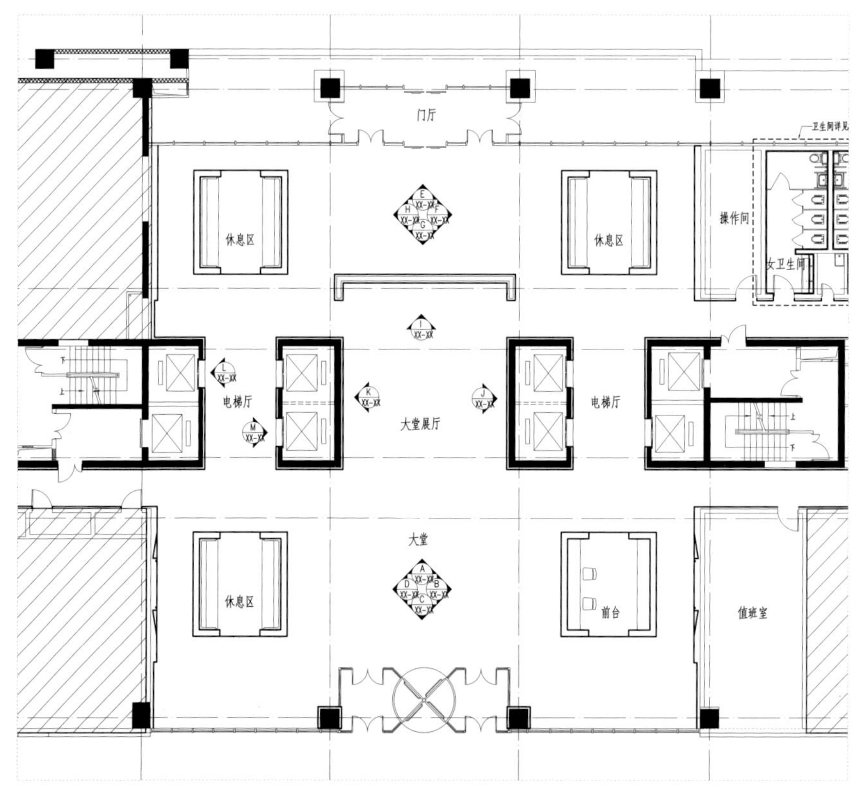

首层大堂平面图

主案设计：
陈轩明 Chen Xuanming
博客：
http:// 822406.china-designer.com
公司：
DPWT Design Ltd
职位：
董事

奖项：
2011金堂奖室内设计评选年度十佳公共空间
筑巢奖2010中国国际空间环境艺术设计大赛三等奖
“欧普•光•空间杯”办公空间照明应用设计大赛中国top10办公空间照明应用设计年度人物奖（2010）
亚太室内设计双年大奖赛入围

项目：
北京首都时代广场地铁通道
香港嘉禾青衣电影城
香港嘉禾荃新电影城
美丽华酒店办公室
香港嘉禾青衣电影城
香港嘉禾荃新电影城
维健牙医诊所
深圳嘉里物流
上海嘉里物流

北京万通商务中心
Beijing Vantone Business Centre

A 项目定位 Design Proposition
商务中心提供快捷、短期、灵活的办公用房以及相关的全面商务服务，会议中心为客户提供不同规模的专业商务会议空间。

B 环境风格 Creativity & Aesthetics
上层的客户群体偏于公司的中上层人物，在设计风格上考虑更像高档酒店。而下层的客户群体比较多的是创业阶段的年轻公司，所以设计风格更像中高档写字楼。虽然两层的设计风格和所用的装饰材料不同，但设计师把两层接待台设计的样式及风格完全相同，使两层巧妙的联系到一起。

C 空间布局 Space Planning
两层的使用功能完全不同，但刚好可以相互互补，楼下需要租用大会议室的客户可以到楼上，楼上需要租用临时办公室的客户可以就在楼下选一间合适的。

D 设计选材 Materials & Cost Effectiveness
在选材上，上层在公共区多采用深色木材及云石，可带出档次及稳重的感觉，在个别的会议室中，采用米啡色系列带图案的高级地毯，墙身采用了三种不同系列的壁纸，以突出质感。

下层采用现代化的材料如铝框，玻璃等，发光软膜创造出一种超前、现代化的办公环境。

E 使用效果 Fidelity to Client
该项目完工后，业主对验收后的设计和装修效果表示非常满意。

Project Name_
Beijing Vantone Business Centre
Chief Designer_
Chen Xuanming
Participate Designer_
Zhao Lei
Location_
Beijing
Project Area_
4,000sqm
Cost_
8,000,000RMB

项目名称_
北京万通商务中心
主案设计_
陈轩明
参与设计师_
赵磊
项目地点_
北京市
项目面积_
4000平方米
投资金额_
800万元

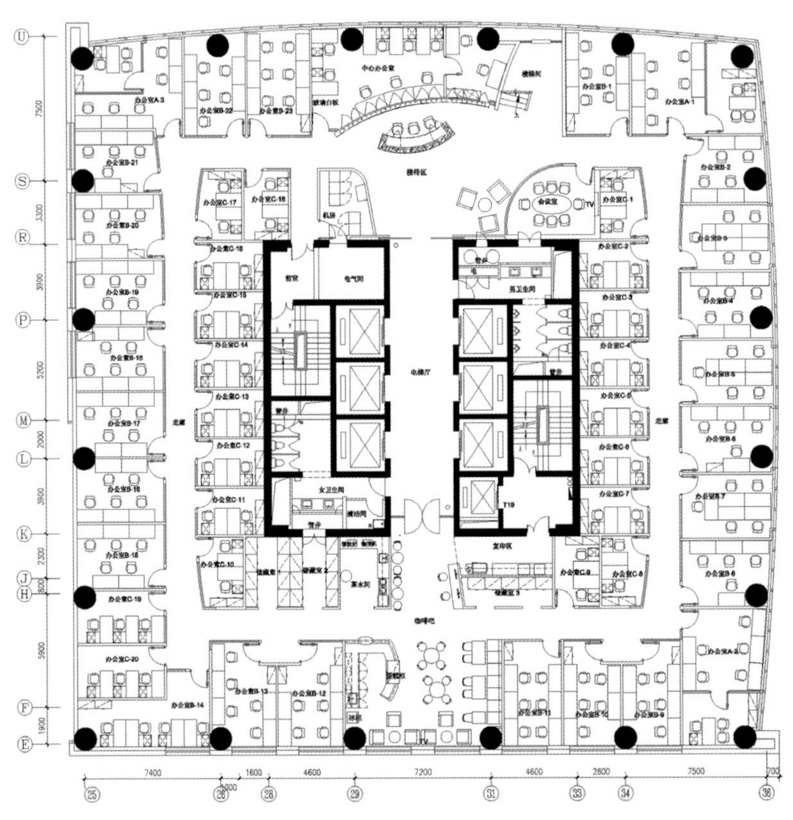

平面图

PHILIPS

主案设计：
连志明 Lian Zhiming
博客：
http://872055.china-designer.com
公司：
北京意地筑作装饰设计有限公司
职位：
设计总监&创办人

奖项：
2011年PINUP金
2011年金堂奖年度媒体关注提名奖
2011年筑巢奖
2009年中国最佳酒店设计企业10强
2009年金外滩奖
2008年中国最佳酒店设计企业10强

项目：
赤峰宾馆
丽兹行总部
天津金泰丽湾售楼处
新泰和宾馆
元洲家居生活馆
中铁商务广场
LDPI办公空间
趣舍酒店
金狮酒店

北京丽兹行总部办公室
The Beijing Landz Realtor Headquarters Office

A 项目定位 Design Proposition
作品位于北京三环商业繁华中心，空间布局明确，整体通透，兼具办公空间的功能性与艺术性。大量现代元素的运用彰显了业主方的经营理念与企业文化。

B 环境风格 Creativity & Aesthetics
作品中白色主调与深色原木混搭的设计风格，将高效有序的节奏感与质朴归真的环境巧妙地融合，令使用者体验一种宁静与奢华间的平衡感受。

C 空间布局 Space Planning
本案业主方作为京城最高端的二手房供应商，将员工通道与客户通道分离是此空间设计上的亮点。空间功能相互融合穿插，使空间功效大大提高。

D 设计选材 Materials & Cost Effectiveness
活动护墙板地安装更为便捷，有效地缩短了工工期。在客户密集活动的洽谈区采用了电雾化玻璃，令空间兼具通透性与私密性。

E 使用效果 Fidelity to Client
本案风格符合业主的经营理念，投入使用后效果理想。

Project Name_
The Beijing Landz Realtor Headquarters Office
Chief Designer_
Lian Zhiming
Location_
Chaoyang Beijing
Project Area_
1300sqm
Cost_
1,800,000RMB

项目名称_
北京丽兹行总部办公室
主案设计_
连志明
项目地点_
北京市 朝阳区
项目面积_
1300平方米
投资金额_
180万元

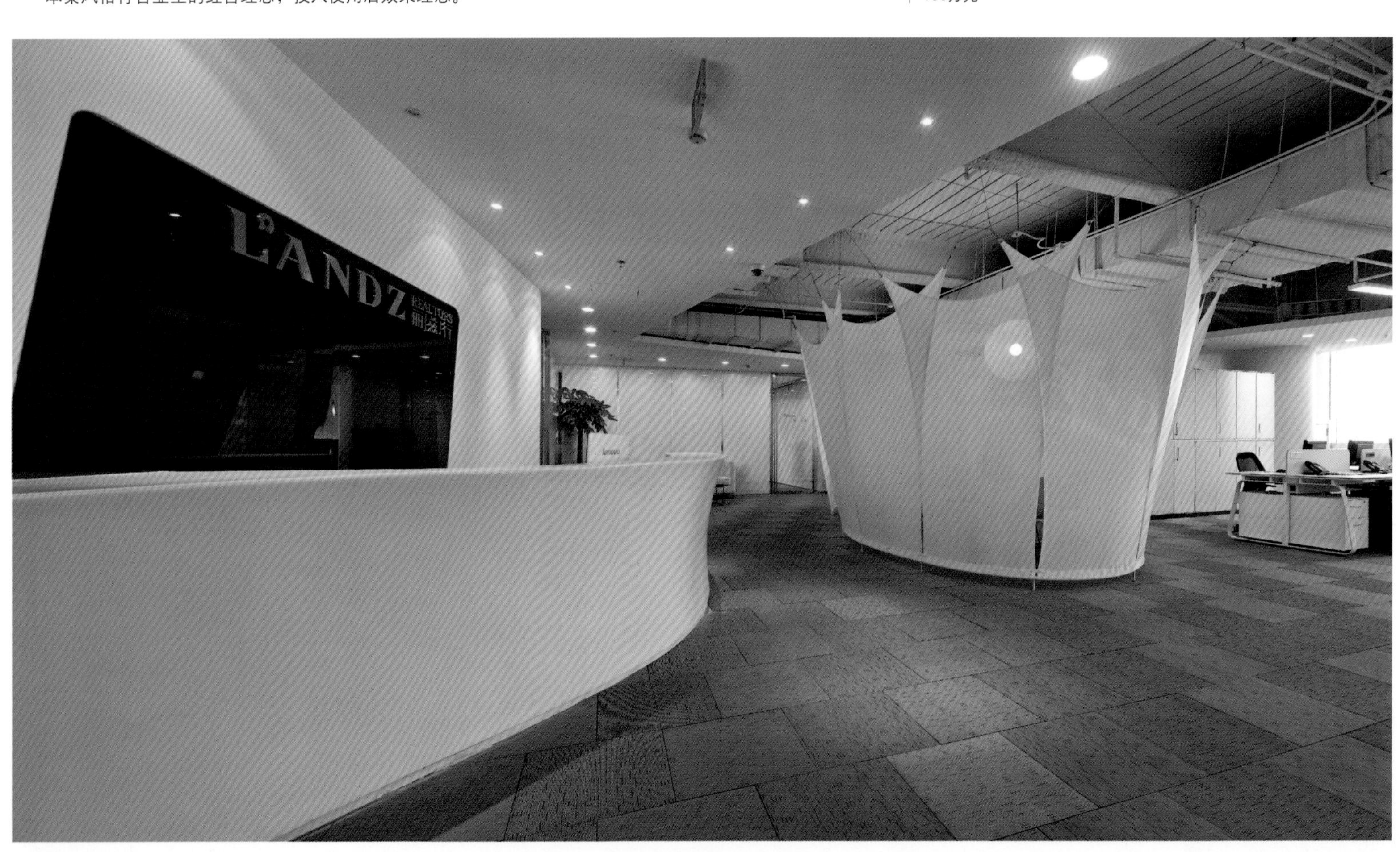

Meeting Room
Meeting Room C

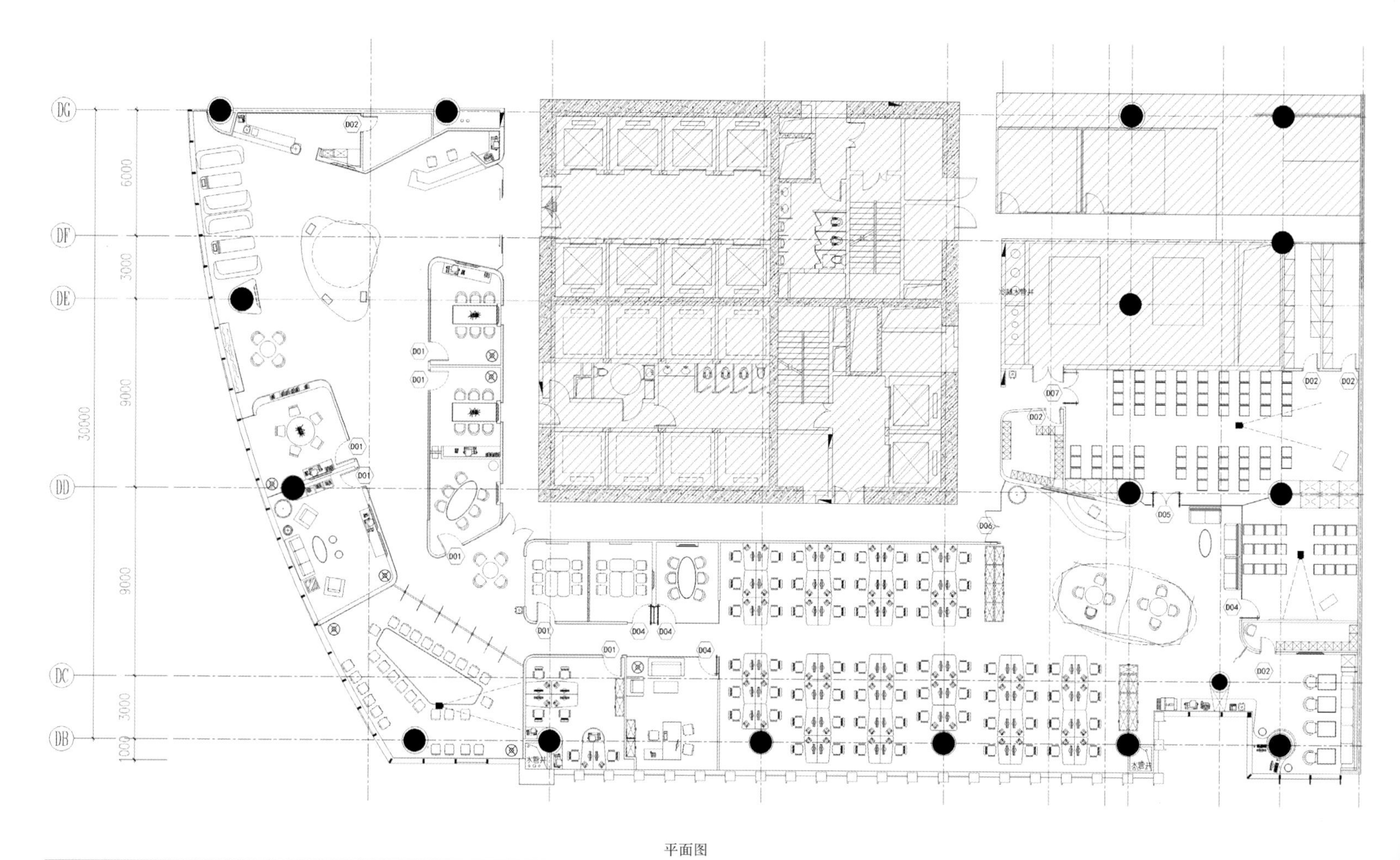
DG
DF
DE
DD
DC
DB
6000
3000
9000
30000
9000
3000
1000
D01
D02
D04
D05
D06
D07

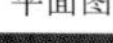

平面图

安全出口

LANDZ
丽兹行

主案设计：
王开方 Wang Kaifang
博客：
http://872080.china-designer.com
公司：
王开方艺术设计工作室
职位：
设计主持

奖项：
“中国时代杰出艺术家”称号
日本NASHOP灯光设计奖
亚洲PINUP室内设计办公空间金奖
中国年度酒店原创设计奖
中国年度色彩环境艺术奖
“金外滩奖”最佳概念设计奖
最佳材料应用奖等

项目：
北京友谊宾馆友谊宫
钓鱼台18号楼
杭州圆通寺佛文化景区
北京市人民检察院
北京Nest俱乐部
天津天地烩会所
人民大会堂一段餐厅
丹东中央公园开发区
延庆夏都会议中心
北京亚奥国际酒店
紫金城大宅

王开方艺术设计工作室
Wang Kaifang Art&Design Studio

A 项目定位 Design Proposition
绝无仅有的原创工作室表达独一无二的跨界设计师；抒发一个理想主义设计师的浪漫情怀。

B 环境风格 Creativity & Aesthetics
与自然交融，室内外草地接连，四周围阳光环抱，相互渗透和借景；营造最生态节能的办公环境；被媒体评为“中国最美工作室”。

C 空间布局 Space Planning
“可繁殖的细胞”的理念应用；与老建筑交融，在老建筑中鲜明地生长；空间融入城市规划、建筑、室内、装置、艺术等理念，体现主人跨界设计师艺术家的特质。

D 设计选材 Materials & Cost Effectiveness
最简单质朴的材料，造价极低的工作室，自然材料表达天人合一。以色彩表达情感和意念，青草地粉红墙，赤足走进桃花源。

E 使用效果 Fidelity to Client
是北京文化创意产业的标兵企业和参观示范单位，中央领导多次亲临视察和赞誉。

Project Name_
Wang Kaifang Art&Design Studio
Chief Designer_
Wang Kaifang
Location_
Beijing Chaoyangqu Laijin Chuangyiyuan
Project Area_
960sqm
Cost_
650,000RMB

项目名称_
王开方艺术设计工作室
主案设计_
王开方
项目地点_
北京朝阳区莱锦创意园
项目面积_
960平方米
投资金额_
65万元

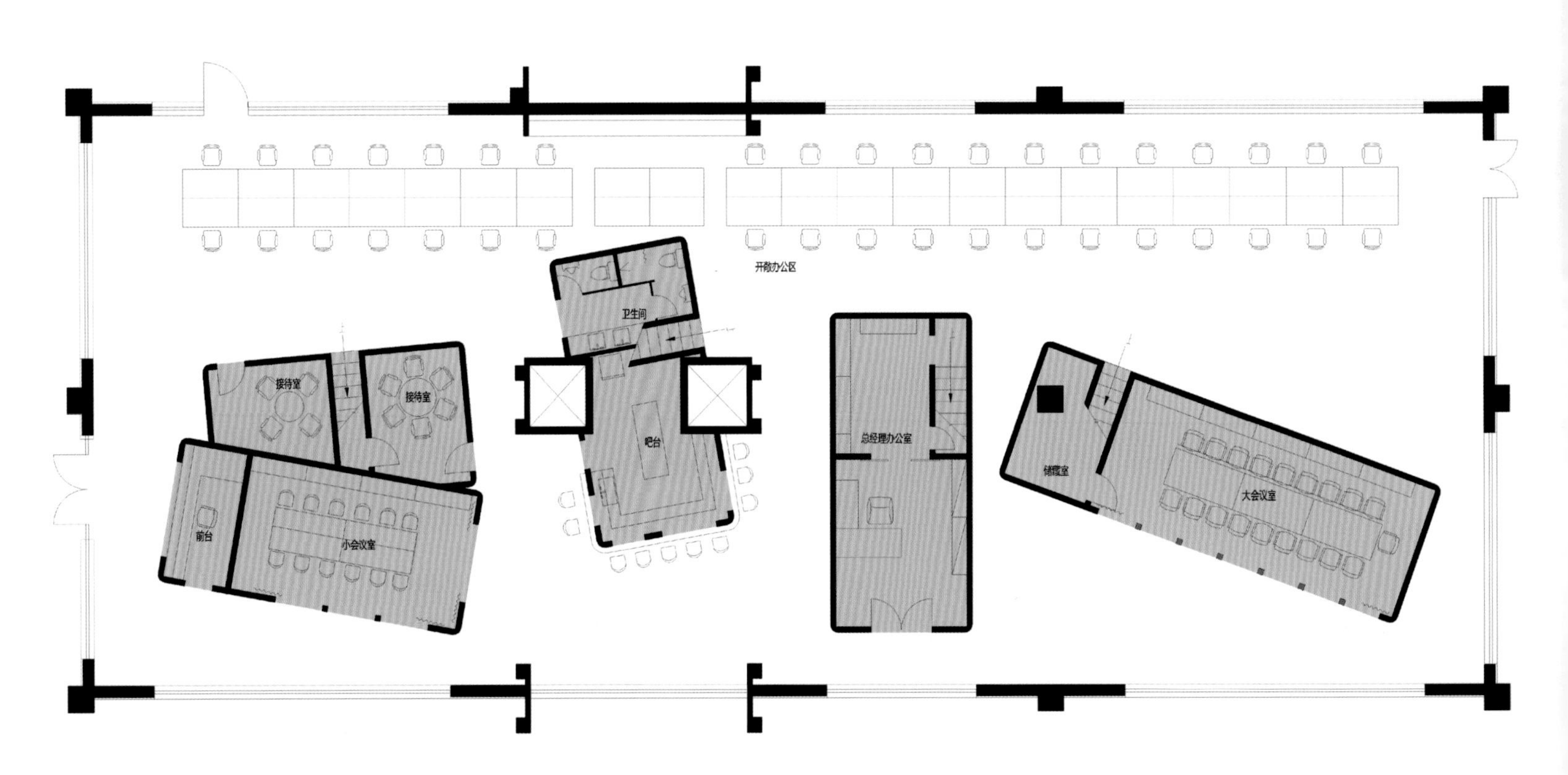

平面图

LUXE
Home
LUXURY HOTELS
ROME
DUBAI

主案设计：
钱银铃 Qian Yinling
博客：
http:// 986508.china-designer.com
公司：
上海天是装饰设计有限公司
职位：
董事总经理/设计总监

奖项：

2011“金座杯”上海国际室内设计节精品展人居环境室内空间 银奖

2011年度上海十大青年高端创意人才入围奖

2011上海市优秀女设计师入围奖，上海市巾帼建功先进个人

中国上海第十届建筑装饰设计大赛公共建筑（酒店，宾馆，餐饮，娱乐类）二等奖

项目：

金山体育场贵宾区及会所　七宝税务局办公大楼
静安区国际丽都样板房　金山区禁毒馆
宁波办公大楼　松江工业园区办公楼
上海LOFT办公楼　余庆路老洋房花园洋房别墅
汤臣高尔夫，云间绿大地，佘山东紫园，绿城玫瑰园等众多高端别墅
贵阳保利地产温泉泉上餐厅　江苏广和企业管理有限公司办公大楼
江苏瑞克健身用品有限公司上海及扬中办公大楼

优一家具办公空间兼SHOWROOM

Ultraone Shanghai Branch Office and Showroom

A 项目定位 Design Proposition

将办公空间与showroom融合为一，使showroom的展示更为人性化和互动化。

B 环境风格 Creativity & Aesthetics

突显现代化办公环境，开放性、兼容性、团队合作性。

C 空间布局 Space Planning

将会议室设于整个空间中心，既解决了中间空间柱体的处理又丰富了空间动线和参观路径。

D 设计选材 Materials & Cost Effectiveness

选用可以异形弯曲的3form胶版以配合中心会议室及logo墙面处理。

E 使用效果 Fidelity to Client

由设计所创造的理想环境使其产品得以全方位展现及演绎，企业形象与logo深入人心，参观动线有惊喜。

Project Name_
Ultraone Shanghai Branch Office and Showroom
Chief Designer_
Qian Yinling
Location_
Minhang Shanghai
Project Area_
410sqm
Cost_
1,000,000RMB

项目名称_
优一家具办公空间兼SHOWROOM
主案设计_
钱银铃
项目地点_
上海 闵行区
项目面积_
410平方米
投资金额_
100万元

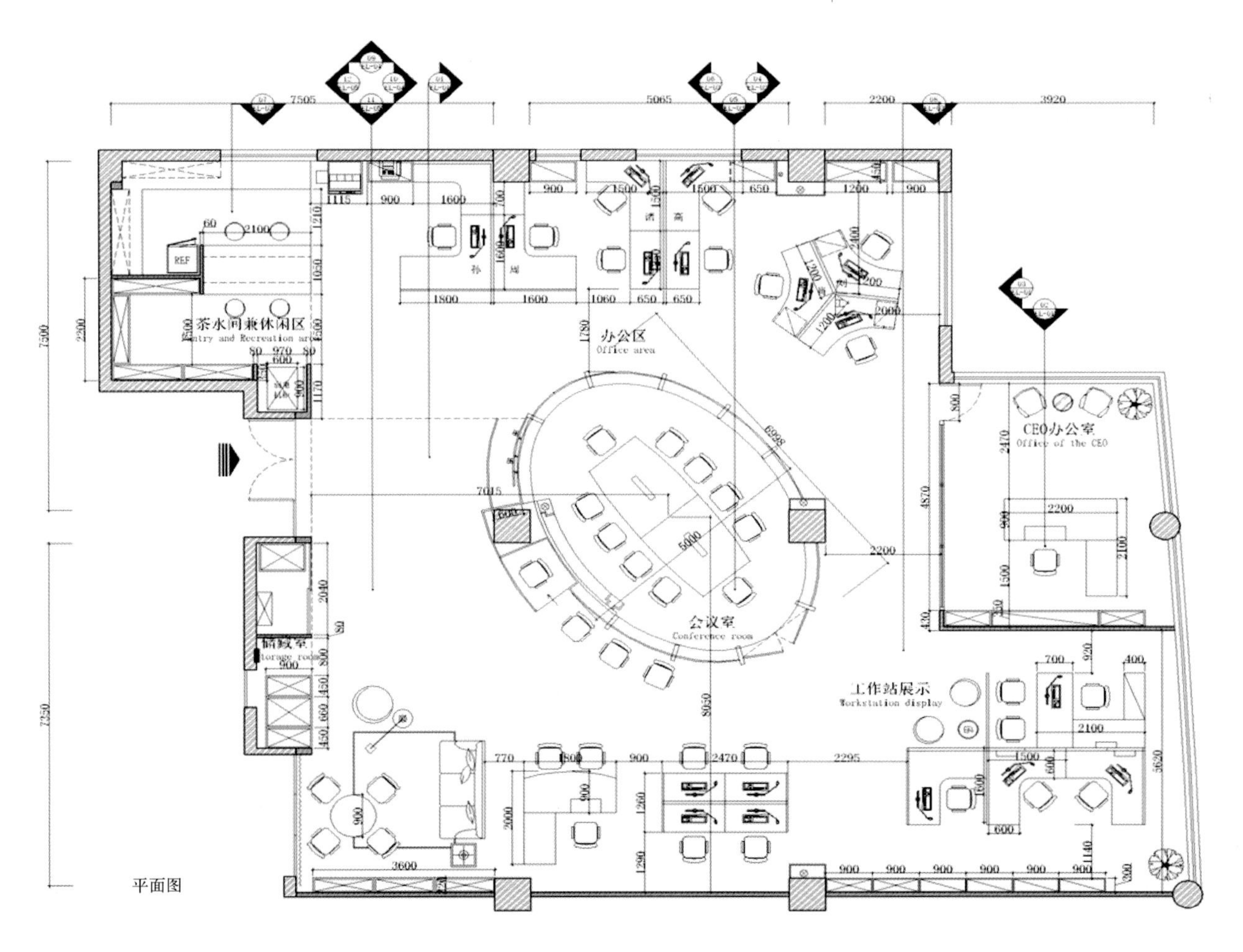

平面图

主案设计：
王建强 Wang Jianqiang
博客：
http://1013100.china-designer.com
公司：
浙江世贸装饰设计工程有限公司
职位：
设计院院长

奖项：
2010“照明周刊杯”中国照明应用设计大赛设计奖
中国建筑装饰优秀工程设计奖等

项目：
中国庆元廊桥博物馆
湖南株洲规划展览馆
红军标语博物馆
杭州益维汽车工业有限公司
杭州杭氧股份有限公司
诸暨市水务集团
浙江省经济信息中心

香港英瑞设计
Yingrui Design (Hong Kong)

A 项目定位 Design Proposition
在本案设计的初始，我们对当下的设计语境做了研究和探索，首先意识到当下的设计风潮趋于过度“同质化”的现象，再则是如何树立一个设计作品的个性与灵魂。

B 环境风格 Creativity & Aesthetics
开放式的办公环境设计，使空间隔而不断，在对区域有效划分的同时，又形成一个整体。本案希望其呈现出融汇中西方当代设计语境的对话，同时充分贯穿表现一种来自于艺术办公的气氛。

C 空间布局 Space Planning
首先，我们是把一个设计作品作为艺术品来看待，包含了对空间载体的尊重，对集体意识的尊重，对文化多元性的认知。不难发现的规律是，当下许多设计者意识到传统文化思想对设计作品的影响，如道家、儒家、佛学等，却只是略涉其表，未经学理性的考证，甚至背离本质的套用在设计作品中。

D 设计选材 Materials & Cost Effectiveness
为了不让作品落入这样的一个俗套内，本案着重于朴素之美的展示，文化艺术的运用。所谓的“诗性”表达，是存在于设计师心中一种对精神情感的抒发,因此主题材质的色调以黑、白、灰，为主，与线性和波浪线元素的结合，表达一种灵动。局部空间原木质地的运用，表达了一种朴素为怀、崇尚自然的质朴。

E 使用效果 Fidelity to Client
室内设计在经济迅速发展，社会环境日益开放的今天，我们希望，在自己的作品中，传递一种“诗性”内涵，和“大美”的审美标准，同时让作品拥有自身独特的个性与灵魂。

Project Name_
Yingrui Design (Hong Kong)
Chief Designer_
Wang Jianqiang
Participate Designer_
Zang Qingnian, Chen Fukui, Hu Bin
Location_
Hangzhou Zhejiang
Project Area_
680sqm
Cost_
1,500,000RMB

项目名称_
香港英瑞设计
主案设计_
王建强
参与设计师_
臧庆年、陈福奎、胡斌
项目地点_
浙江 杭州
项目面积_
680平方米
投资金额_
150万元

主案设计：
孙建亚 Sun Jianya
博客：
http://1014271.china-designer.com
公司：
上海亚邑室内设计有限公司
职位：
设计总监

奖项：
2010年亚太室内设计双年大赛餐饮空间入围奖
2011年艾特奖国际空间设计大奖住宅空间入围奖
2011年IAI亚太绿色设计全球大奖住宅空间入围奖
2011年艾特奖国际空间设计大奖住宅空间提名大奖

项目：
浦江华侨城123#1地块样板房(上海)　金禧汇酒店
浦江华侨城123#2地块样板房(上海)　上海东方剑桥
来伊份集团(上海)总部　维格娜丝服饰集团(上海)设计中心
昆山弘辉首玺会所　台北青山镇
颖奕博园高尔夫别墅　昆山佑国服饰织品集团研发中心
重庆小天鹅集团双重喜庆分店　海南三亚Lady GaGa酒吧
杉杉集团芜湖生物产业孵化园区

上海亚邑室内设计办公空间
The Office Of YAYI

A 项目定位 Design Proposition
作为室内设计公司，需引导并带领业主，做到一个环保的，再生的，真正可持续的一个空间设计。并且告知业主设计的态度，不一定非要用高昂或进口的材料才能设计出一个好作品。

B 环境风格 Creativity & Aesthetics
尊重材料本身最原始所该有的感觉。低调质朴所散发出来的魅力。在环保优先的前提下，利用材料本身质感的对比，冲击，创造一个视觉体验。

C 空间布局 Space Planning
开放通透的空间，开放办公区中心布置了茶水吧及复印区，更增进了同事间的互动，鼓励沟通和交流，增进了休闲气氛。正是集团的企业文化。

D 设计选材 Materials & Cost Effectiveness
完全选用天然并且未经过多的人工雕琢的材料。尊重材料。利用材料本身的质感，规格，创造出富有设计感的工艺缝。进而达到设计的精髓——细节！

E 使用效果 Fidelity to Client
光鲜亮丽的材料寿命是短暂的。本案在材料上，视觉上，及耐用度上都可达到我们对可持续舒适空间的最佳注解。

Project Name_
The Office Of YAYI
Chief Designer_
Sun Jianya
Location_
Minhang Shanghai
Project Area_
350sqm
Cost_
800,000RMB

项目名称_
上海亚邑室内设计办公空间
主案设计_
孙建亚
项目地点_
上海市 闵行区
项目面积_
350平方米
投资金额_
80万元

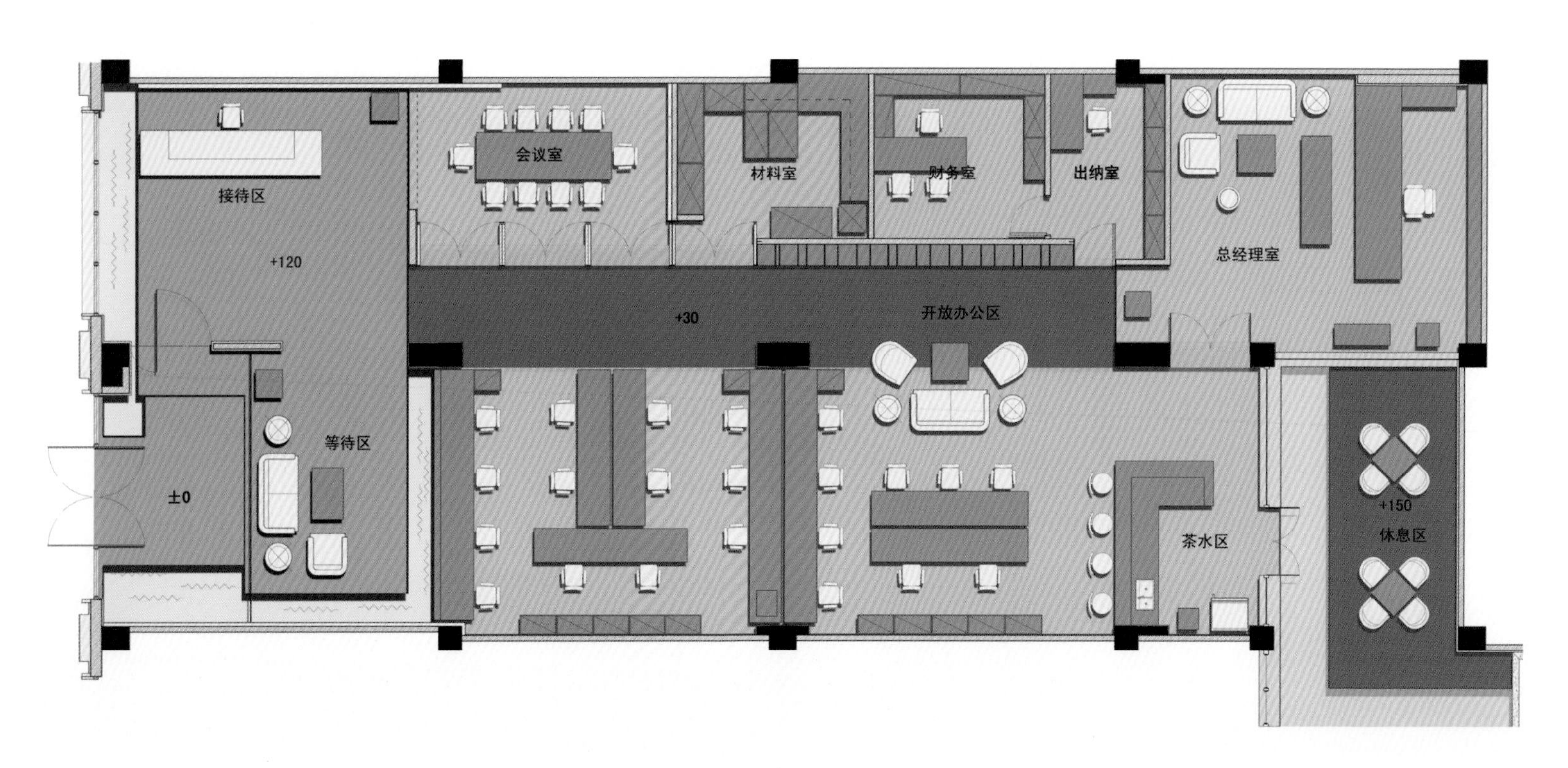

平面图

YAYI

主案设计：
黄桥 Huang Qiao
博客：
http://1014646.china-designer.com
公司：
造美室内设计
职位：
设计师

奖项：
香港亚太室内设计
上海金外滩
中国室内设计

项目：
帝苑歌城
山井四季怀石日本料理
铁观音茶博物馆

造美室内设计厦门办事处
LEADER INTERIOR DESIGN&ASSOCIATES-Xiamen

A 项目定位 Design Proposition
设计师以孵蛋为灵感。

B 环境风格 Creativity & Aesthetics
将自己的办公空间打造成一个与客户交流、互动，员工学习、阅读的平台。

C 空间布局 Space Planning
就好比孵蛋一样为明天孵出更好的作品。

D 设计选材 Materials & Cost Effectiveness
思索如何以更具包容性的设计观点。

E 使用效果 Fidelity to Client
非常满意。

Project Name_
LEADER INTERIOR DESIGN&ASSOCIATES-XiaMen
Chief Designer_
Huang Qiao
Location_
Fujian Xiamen
Project Area_
150sqm
Cost_
200,000RMB

项目名称_
造美室内设计厦门办事处
主案设计_
黄桥
项目地点_
福建厦门
项目面积_
150平方米
投资金额_
20 万元

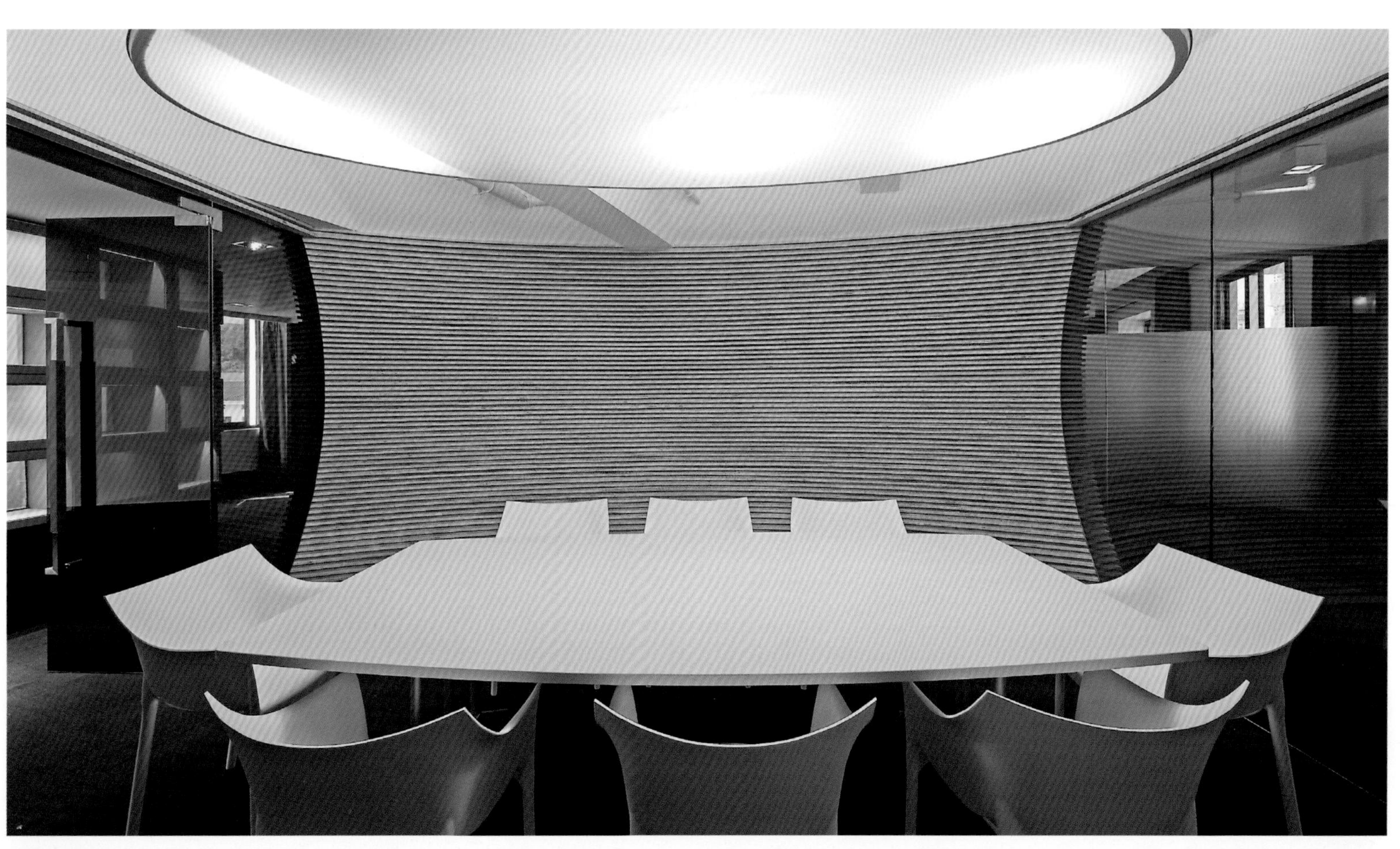

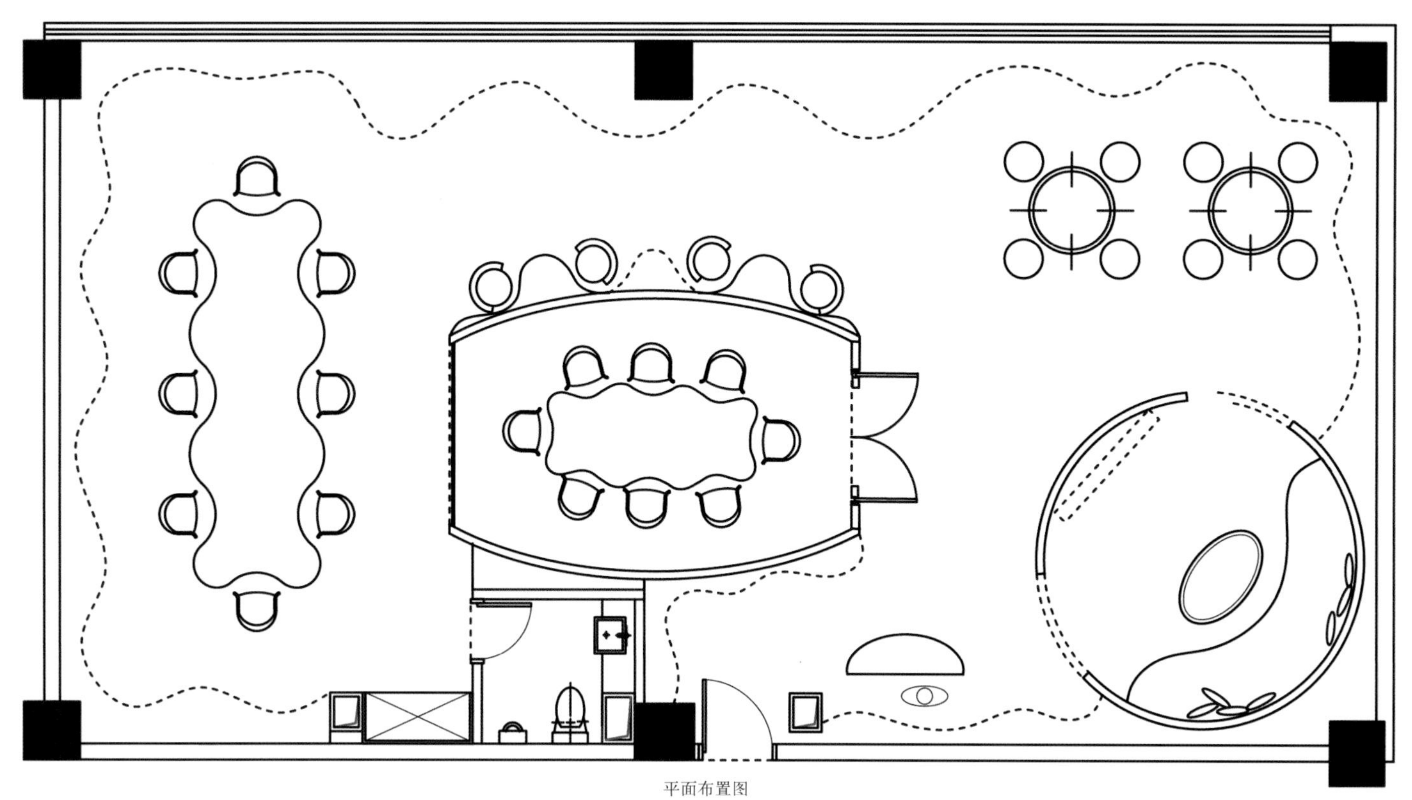
平面布置图

主案设计：
黄桥 Huang Qiao
博客：
http://1014646.china-designer.com
公司：
造美室内设计
职位：
设计师

奖项：
香港亚太室内设计
上海金外滩
中国室内设计

项目：
帝苑歌城
山井四季怀石日本料理
铁观音茶博物馆

建筑生命力
Construction Vtality

A 项目定位 Design Proposition
在当今高楼大厦云集的城市中。

B 环境风格 Creativity & Aesthetics
一个1万多平方米的办公大厦、大堂应该是什么样。

C 空间布局 Space Planning
设计师在满足机能的前提下。

D 设计选材 Materials & Cost Effectiveness
植入了花园式大厅、给建筑一种新的生命力。

E 使用效果 Fidelity to Client
非常满意。

Project Name_
Construction Vtality
Chief Designer_
Huang Qiao
Location_
Fuzhou Putian
Project Area_
10000sqm
Cost_
7,500,000RMB

项目名称_
建筑生命力
主案设计_
黄桥
项目地点_
福建莆田
项目面积_
10000平方米
投资金额_
750 万元

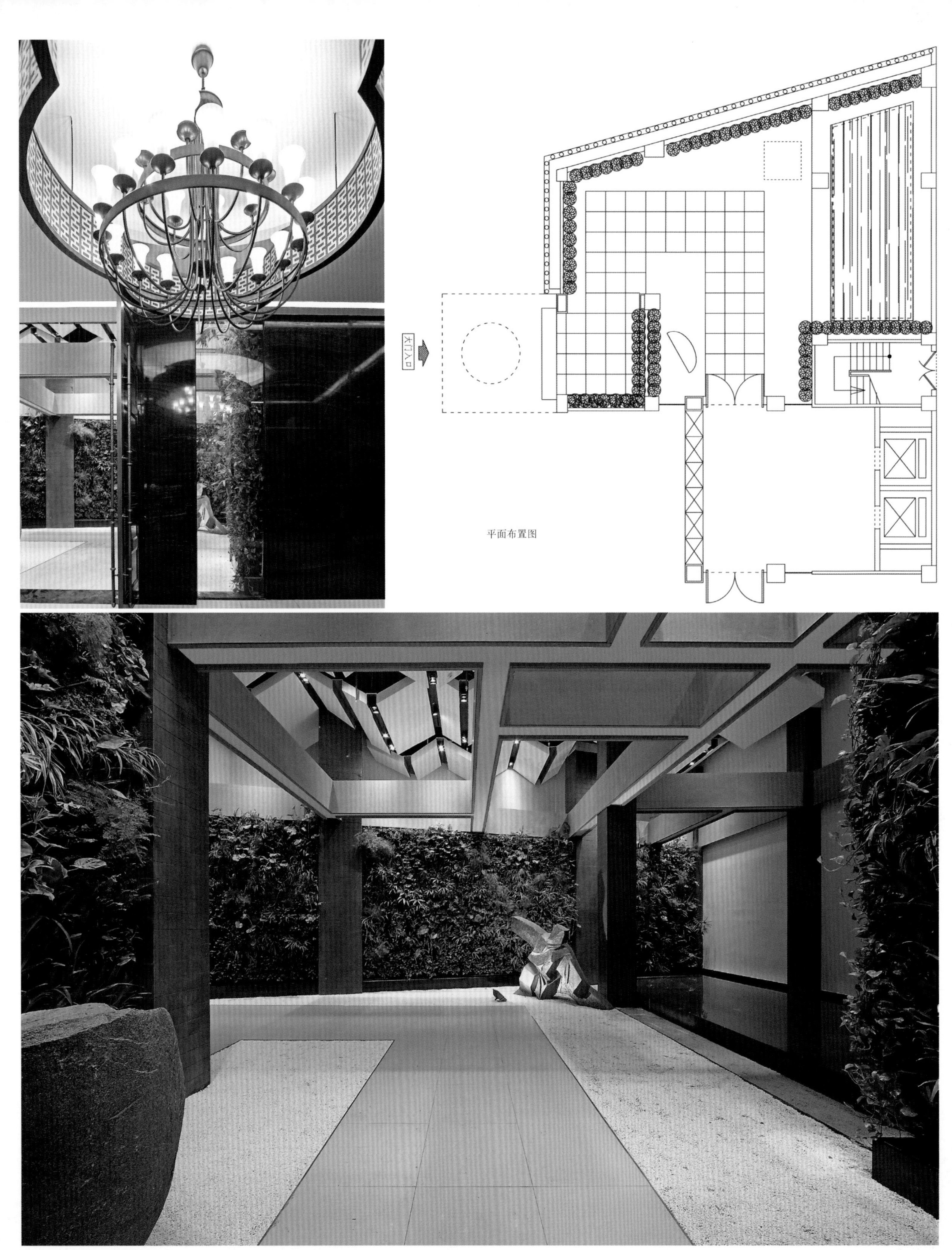

平面布置图

主案设计：
袁晓云 Yuan Xiaoyun
博客：
http://1014907.china-designer.com
公司：
深圳市姜峰室内设计有限公司
职位：
酒店设计部总监

奖项：
第三届中国国际设计艺术观摩展年度设计艺术推动奖
广东省“岭南杯”十大杰出设计师荣誉称号
湖南长沙湘麓山庄，荣获亚太区室内设计大奖酒店组别荣誉奖
内蒙古元和建国大酒店，荣获第三届广东环境艺术设计赛创意类优秀奖

项目：
喀什丽笙酒店
重庆凯宾斯基酒店
天津圣瑞吉酒店
宁波威期汀酒店

天津天狮研发质检中心
Tiens Research and Quality Control Centre

A 项目定位 Design Proposition
本项目是以生命医学保健品的研制开发和质量检测为主要功能的综合办公楼，整个项目设计立足于挖掘医药产业的生物科技特色为视角。

B 环境风格 Creativity & Aesthetics
提取DNA双螺旋结构的双曲线为主要设计元素，从而与自然界中最原始的孕育、孵化生命的细胞相联系，蕴涵着研发质检中心作为创造、孕育生命医学高新技术中心，与企业环境相统一。

C 空间布局 Space Planning
设计将原有的直廊桥改造为双曲线造型，从而组织出整个空间的动向与流线，从中生动地体现空间本身构筑出的趣味性与多变性。

D 设计选材 Materials & Cost Effectiveness
大量选用仿自然生态的低碳环保性材料，素雅的浅色系材料与木纹搭配，突显清新的自然色彩。

E 使用效果 Fidelity to Client
通过设计为天狮集团打造一个国际化、人性话、5A级智能化的集团办公楼，使其成为该园区的核心建筑，让员工有强烈的归属感及自豪感。

Project Name_
Tiens Research and Quality Control Centre
Chief Designer_
Yuan Xiaoyun
Location_
Tianjin Wuqingkaifaqu
Project Area_
3000sqm
Cost_
10,000,000RMB

项目名称_
天津天狮研发质检中心
主案设计_
袁晓云
项目地点_
天津市 武清开发区
项目面积_
3000平方米
投资金额_
1000万元

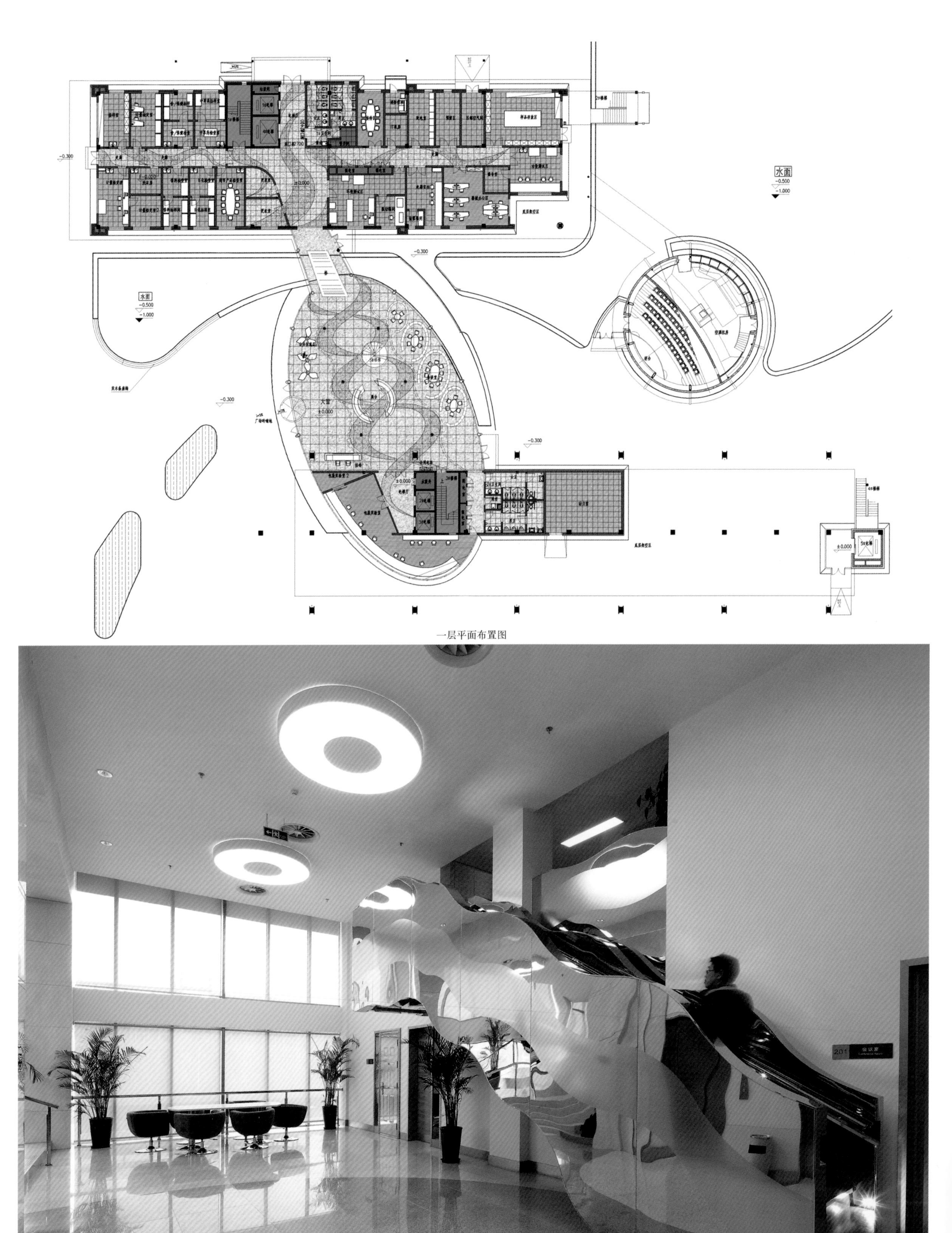

一层平面布置图

主案设计：
陈显贵 Chen Xian'gui
博客：
http://1014938.china-designer.com
公司：
宁波江北优艾室内设计有限公司
职位：
设计总监

奖项：
第六届中国室内设计双年展室内设计大赛银奖
14届香港亚太设计大奖 办公类别组金奖
2007《现代装饰》国际传媒奖舍内设计大奖
2007中国室内设计大赛最具创意奖

优艾室内设计事务所
UI Interior Design

A 项目定位 Design Proposition
本案位于宁波规模最大的庭院式LOFT创意园——创意1956。其前身为宁波变压器厂，始建于1956年，故因此得名。设计师在方案中保留了原址的历史印记，以白色为主基调的室内空间一分为三。

B 环境风格 Creativity & Aesthetics
无处不在的休闲区域与设计这项严谨、集中的工作产生了奇妙的化学反应。当设计成为一种享受，灵感有如泉涌。一份好的设计，在快餐型文化充斥的现今显得更为难能可贵。

C 空间布局 Space Planning
空间整体以现代为主，融入中式与欧式元素，中和了纯现代的硬朗线条，碰撞出了新的火花。整面落地窗户与阳光房形成的良好采光让室内光线十分充足。

D 设计选材 Materials & Cost Effectiveness
步入中室，整面的书墙将办公与休闲相分离。休闲区内，沙发、茶几、圈椅的摆放中规中矩。值得一提的是后背的火墙，由红砖水泥堆砌而成的真火壁炉，展现了原材料的美。简单的白墙，桌子、椅子、架子、灯光以及装饰。整个空间的设计无所谓风格，不强求个性，但却足够舒适、自在。

E 使用效果 Fidelity to Client
室内摆放的装饰品多数是外出旅游时带回的纪念。那些布满白墙的挂画，桌上、架子上的小物件看似随心无意，却都自成风景。

Project Name_
UI Interior Design
Chief Designer_
Chen Xiangui
Participate Designer_
Shen Xing
Location_
Ningbo Zhejiang
Project Area_
200sqm
Cost_
380,000RMB

项目名称_
优艾室内设计事务所
主案设计_
陈显贵
参与设计师_
沈星
项目地点_
浙江 宁波市
项目面积_
200平方米
投资金额_
38万元

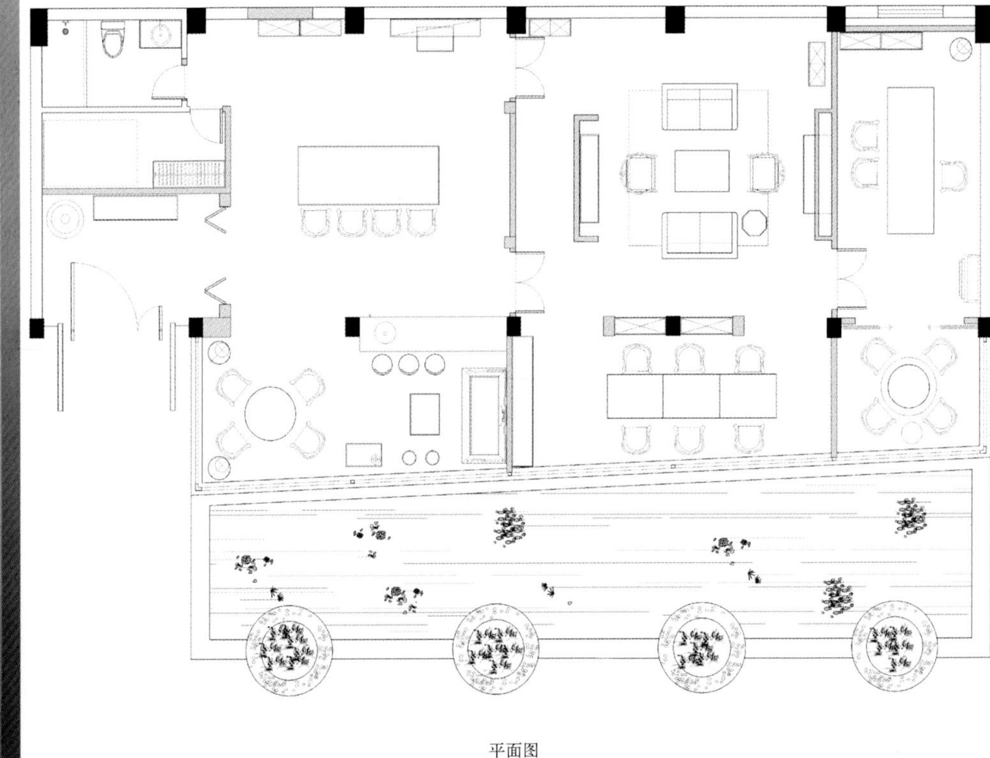

平面图

great
DELL

主案设计：
黄麦一 Huang Maiyi
博客：
http://1015131.china-designer.com
公司：
麦一空间设计
职位：
设计总监

奖项：

2009年搜狐网“欧朗特杯”中国室内设计大赛二等奖

2009年荣获中国室内空间环境艺术设计大赛优秀奖—工程类（在人民大会堂颁奖）

2010年获亚太地区室内设计大赛三等奖

2010年被评为中国建筑协会高级室内设计师

项目：

著名作家贾平凹府邸群贤庄
著名国画家王西京府邸曲江铂宫
华夏房地产廊坊第五大街售楼中心及样板间
西安万业房地产曲江6号样板间一期、二期及售楼中心
西安熙源地产观澜天下售楼部及样板间
西安大丰置业大丰曲江真境及售楼部
陕国投鸿业房地产金桥·太阳岛售楼中心及四套样板间

麦一空间设计
Maiyi Space Design

A 项目定位 Design Proposition

本案是为自己理想而设计的办公环境。

B 环境风格 Creativity & Aesthetics

由于是设计工作室就须具有很强的设计理念与创意。

C 空间布局 Space Planning

身处这个年代的我们一方面享受着现代的科技物质文明，另一方面又对过去的年代有着眷恋之情。由此创造出了多变的内部空间，融合意大利式的简约与中式文化的厚重，将古典与现代相结合，以简洁明快的设计风格为主调。功能布局上利用镂空隔断，组合整体书架以及七彩马克墙将空间加以适当区分，形成一个隔而不断。

D 设计选材 Materials & Cost Effectiveness

用不同的材质演绎着黑与白的碰撞。每一件饰品的选择与搭配都体现着对细节的追求和高端的生活品质。

E 使用效果 Fidelity to Client

分而不离的办公空间，让工作更加惬意，沟通更加顺畅。

Project Name_
Maiyi Space Design
Chief Designer_
Huang Maiyi
Location_
Xi'an Shanxi
Project Area_
307sqm
Cost_
350,000RMB

项目名称_
麦一空间设计
主案设计_
黄麦一
项目地点_
陕西 西安市
项目面积_
307平方米
投资金额_
35万元

平面图
3660
1100
2030
1500
4400
4000
1800
2250
900
2080

主案设计：
任萃 Ren Cui
博客：
http:// 1015142.china-designer.com
公司：
十分之一设计事业有限公司
职位：
设计总监

奖项：
2009年TID
2010年TID
2010年亚太设计筑巢奖
2011年、2012年新秀设计师

项目：
Iceburg冰藏

同砚建筑
Fragrance

A 项目定位 Design Proposition
以中式简约的酒店风格，重新定义办公空间。间接以不同空间的间接品茗互动，拉近与客户间距离。

B 环境风格 Creativity & Aesthetics
办公楼不仅仅是工作8小时的地方，若结合Spa的氛围，与中国茶的香气，在工作的8小时，同时也是纾压的8小时。

C 空间布局 Space Planning
从外观内退的灰空间开始，就提示了卸下喧嚣，宁静的开始。入门之后的接待厅，特殊的灯光与廊道展示，对员工，每一个角落无不安抚着承受压力的心灵；对客户，每一个角落都诉说着公司文化与历史。

D 设计选材 Materials & Cost Effectiveness
原木是最贴近温度的材料，大堂立面，会议桌，图书室的桌面，不时芬芳着芬多精。地面使用中国特有的中国黑。留香的办公楼，阐扬中国文化的同时，更希望呼吸的是中国文化精随。

E 使用效果 Fidelity to Client
透过本案独具文化性的空间，许多案例，在前期规划的同时，已默默深植了中国传统文化。在目前中国众多的西方设计市场中，其作品更保有中国独特文化，例如：少数民族文化，边境文化等。

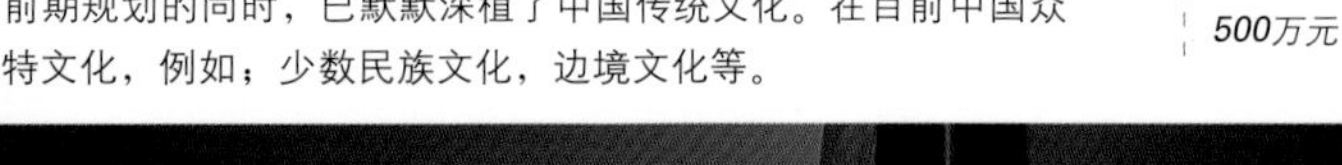

Project Name_
Fragrance
Chief Designer_
Rencui
Location_
Putuo Shanghai
Project Area_
2000sqm
Cost_
5,000,000RMB

项目名称_
同砚建筑
主案设计_
任萃
项目地点_
上海 普陀区
项目面积_
2000平方米
投资金额_
500万元

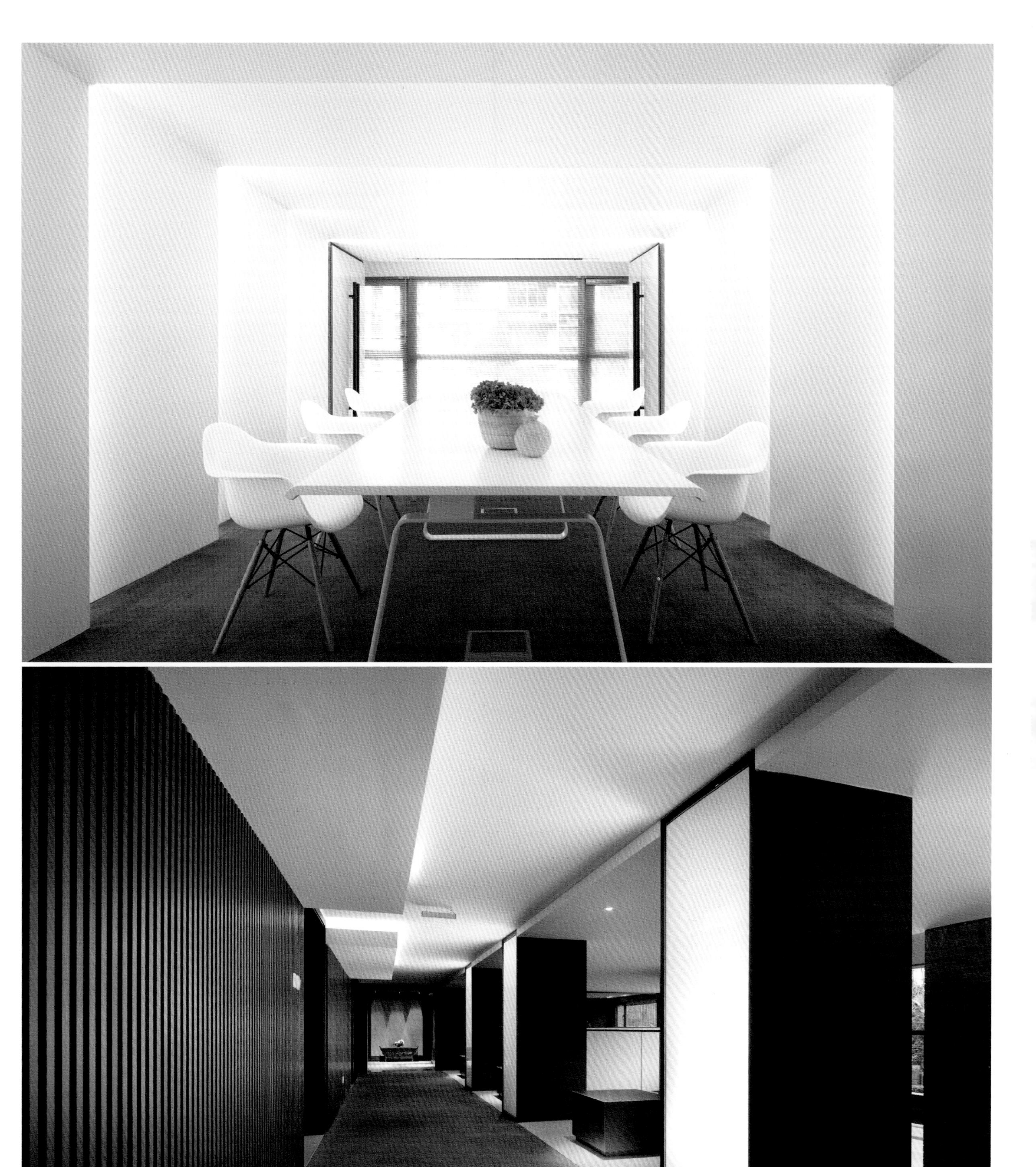

主案设计：
甘健平 Gan Jianping
博客：
http://1015261.china-designer.com
公司：
重庆汇意堂装饰设计工程有限公司
职位：
总经理兼设计总监

奖项：

2009年荣获“重庆十大新锐设计师”称号

2011年荣获里斯戴尔杯全国设计大赛三等奖

2011年荣获国际空间设计大奖“艾特奖”最佳空间设计入围奖

2011年参加由CIAC举办的“用意大利人的眼光来寻找重庆最高端别墅设计师”大赛中荣获“十大高端别墅设计师”称号

项目：

重庆奉节天坑地缝旅游接待中心
重庆新浪互联信息服务有限公司办公室
重庆香江庭院样板房
保利高尔夫别墅

新浪重庆办公室
Sina Chongqing Office

A 项目定位 Design Proposition

项目所处位置于重庆抗战遗址李子坝公园内原交通银行1#楼，其拥有特殊的历史背景及民国建筑的特点，而业主又属于国内顶级互联网传媒大亨，这两者的结合，亦古亦今。

B 环境风格 Creativity & Aesthetics

打破了传统对传媒公司固有的模式——运用一些现代化的材料去表达所谓的现代、时尚、前沿的业主需求。然而，本案更想的是结合其建筑特殊的载体，运用一些复古的元素和特殊的手法，挖掘项目内在的属性，彰显一种独有的“时尚气质”。

C 空间布局 Space Planning

首先，充分体现了重庆建筑的独有特色；其次，在各楼层的功能布局上，采用了轴对称的方式，沉稳大气，符合中国式的古典美；最后，运用极富Lofo感觉的钢架楼梯，贯穿其中，极富张力，同时保留了建筑独有的梁柱结构，体现其复古气质。

D 设计选材 Materials & Cost Effectiveness

为了体现独有的复古时尚气质，在顶面采用了暗灰色乳胶漆，墙上采用了绿灰色乳胶漆，地面采用了水泥自流平，白砖墙、钢化玻璃、红色的钢架楼梯点缀其中，并使用独特的灯具、灯光营造氛围，感染全场。

E 使用效果 Fidelity to Client

本案投入使用后，得到了业主方重庆新浪互联信息服务有限公司的高度赞扬。

Project Name_
Sina Chongqing Office
Chief Designer_
Gan Jianping
Location_
Yubei Chongqing
Project Area_
1000sqm
Cost_
1,000,000RMB

项目名称_
新浪重庆办公室
主案设计_
甘健平
项目地点_
重庆 渝北区
项目面积_
1000平方米
投资金额_
100万元

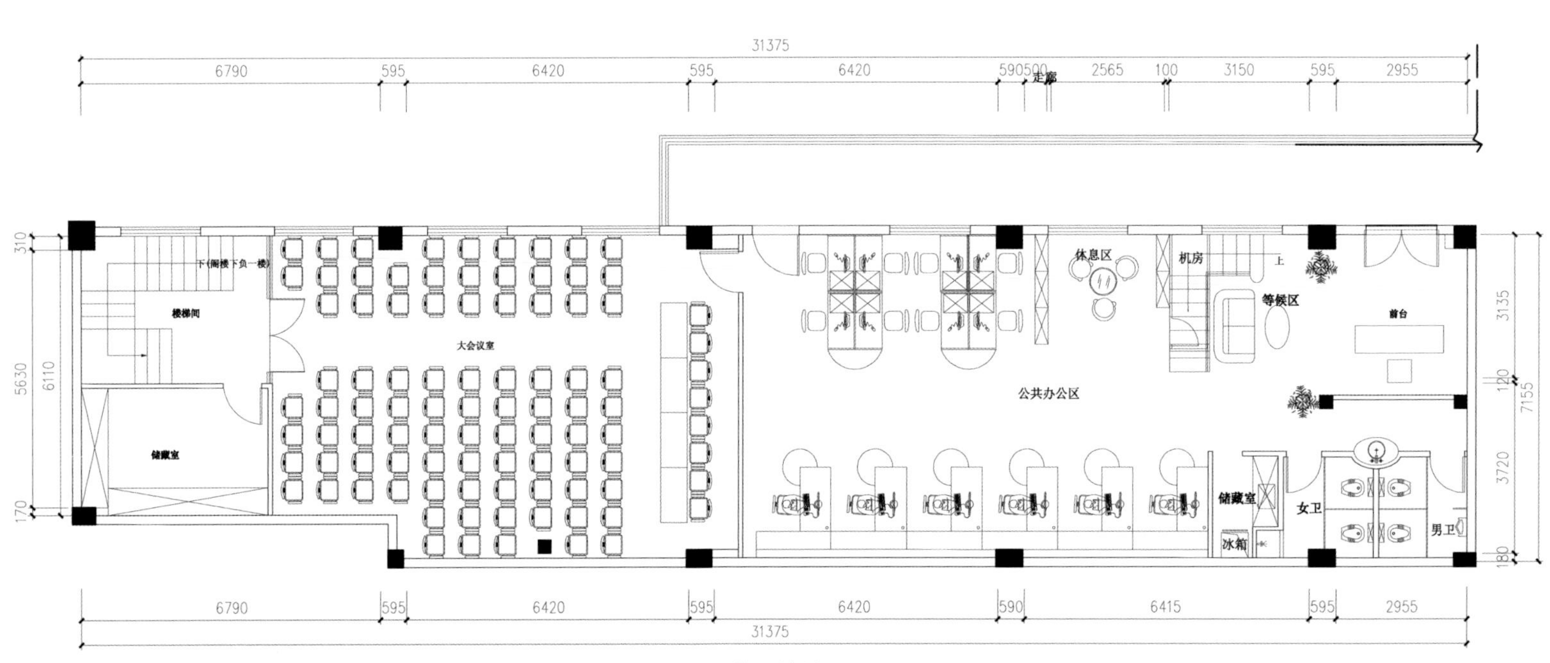

一楼平面布置图

总经办

消火栓

sina 新浪重庆
weibo.com

主案设计：
陈荣新 Chen Rongxin
博客：
http://1015540.china-designer.com
公司：
厦门格瑞龙建筑设计装饰工程有限公司
职位：
设计总监

奖项：
2007年广州国际设计周精英人物
2008年福建省首届艺术设计大赛铜奖
2010年海峡两岸室内设计大赛银奖
2010年IAI亚太室内设计大赛优秀奖
2010年365酒店精品设计大赛优秀奖
2010年“尚高杯”中国室内设计大奖赛一等奖

项目：
三亚半山半岛酒店
厦门海沧海投大厦
厦门骏豪会园博园会所
厦门烟草大楼
海沧体育馆一期

厦门金达威办公楼
Xiamen Jindawei Office

A 项目定位 Design Proposition
客户希望能将现代和抽象的设计风格结合起来，创造一个稳重与活泼并存的新颖的办公空间。

B 环境风格 Creativity & Aesthetics
也许有人觉得，“抽象”这一词并不适用于严肃而有理的办公设计之中。可是本案打破了这种传统的看法。

C 空间布局 Space Planning
白色为主色调，不对空间做额外的装饰，使空间自然、简朴，通过戏剧化的照明呈现材料的真实之美。

D 设计选材 Materials & Cost Effectiveness
利用玻璃钢、砖、彩色玻璃等原始材料和谐布景。

E 使用效果 Fidelity to Client
业主非常满意。

Project Name_
Xiamen Jindawei Office
Chief Designer_
Chen Rongxin
Participate Designer_
Lin Zhengmao, Mo Junfeng
Location_
Canghai Xiamen Fujian
Project Area_
8,000sqm
Cost_
3,500,000RMB

项目名称_
厦门金达威办公楼
主案设计_
陈荣新
参与设计师_
林正茂、莫俊峰
项目地点_
福建 厦门市 海沧区
项目面积_
8000平方米
投资金额_
350万元

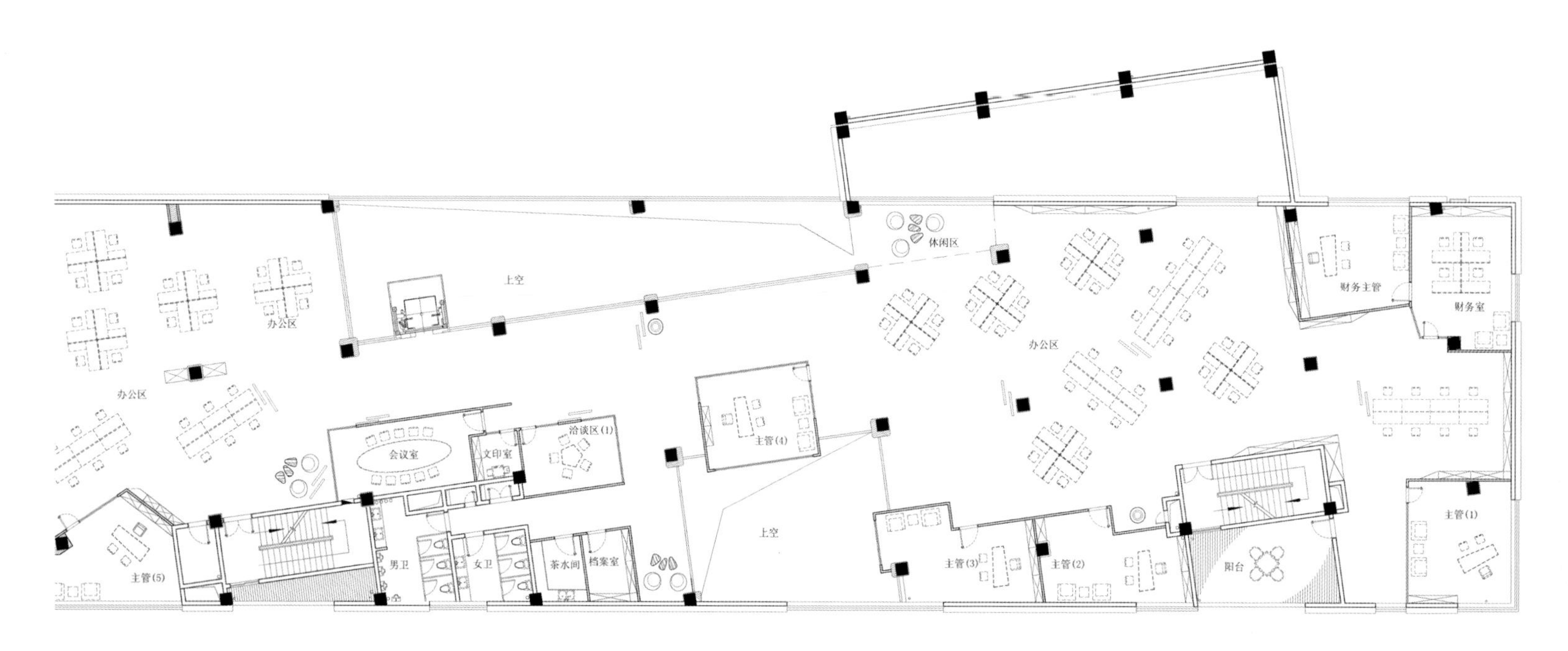

四层平面图

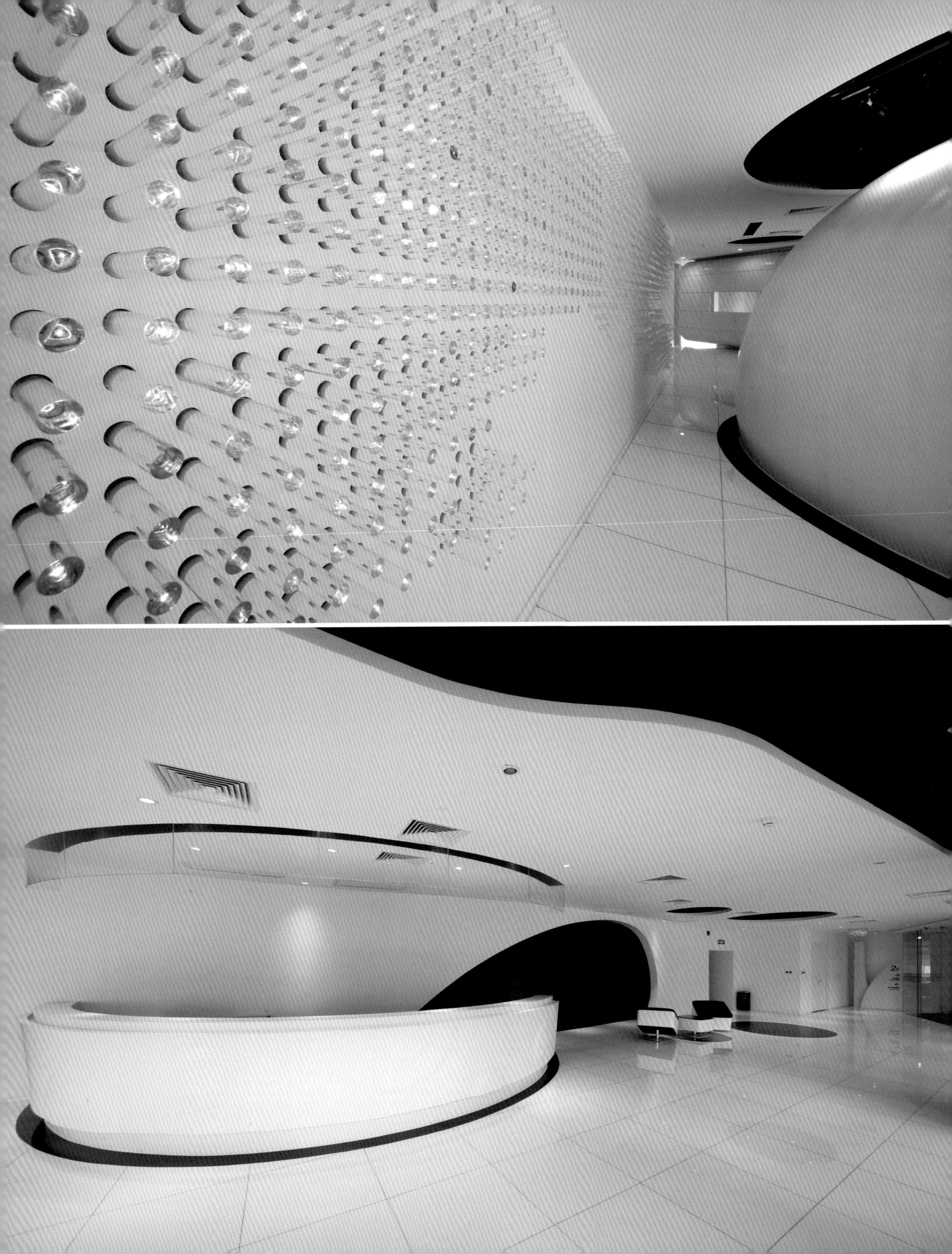

4F

主案设计：
张宁 Zhang Ning
博客：
http://1015567.china-designer.com
公司：
广州集美组室内设计工程有限公司
职位：
副总设计师

奖项：
2011年第四届广州建筑装饰设计大赛——酒店空间“美穗GRG杯”银奖
2010年第八届中国国际室内设计双年展银奖
2009年中国室内空间环境艺术设计大赛
2009年中国室内空间环境艺术设计大赛

项目：
北京、上海GIORGIO ARMANI店室内设计
广州南湖湖畔酒店规划建筑及室内改造
江门动漫城建筑与室内规划
烟台文化广场 室内工程
广东白云宾馆建筑及室内改选工程
北京GIORGIOARMANI店室内设计及施工
广州数码港建筑及室内改选
杭州GIORGIOARMANI店室内设计

方圆大厦办公楼
FINELAND TOWER

A 项目定位 Design Proposition
结合方圆集团的企业精神，作为方圆地产集团的新办公楼，应该在延续东方精神的同时，融入时尚、国际的设计手法建立具象的标志式企业想象。

B 环境风格 Creativity & Aesthetics
色彩的运用，材质的对比及空间符号的表达，传统风格的色彩有浓有淡，浓艳的有如红绿，清淡的好比江南民居，如黑白水墨画，充分运用传统的色彩，以区分不同空间的变化。

C 空间布局 Space Planning
放弃章法，把传统元素从浩瀚的传统文化中提炼出来，不管是和多种风格相融合，还是只保留基本线条，都将散发自己的独特魅力，空间符号的运用必须掌握其度，多则过于繁覆，少则过于简单。

D 设计选材 Materials & Cost Effectiveness
注重空间材质上的变化，配搭及控制，以搭配来控制节奏，以细节来掌握变化，传统材料融合现代高标准的工艺处理，使原有的质感展现出与众不同的效果。

E 使用效果 Fidelity to Client
时间的流走，空间的消失，留下的只有依附于空间中的质感、尺度、适度的控制，并广泛运用在空间布局中，将给人留下辉煌大气的印象。

Project Name_
FINELAND TOWER
Chief Designer_
Zhang Ning
Participate Designer_
Lan Haiyu, Lin Jingjing, Ou cuiting, Xu Dingzhen
Location_
Guangzhou Guangdong
Project Area_
9,289sqm
Cost_
38,000,000RMB

项目名称_
方圆大厦办公楼
主案设计_
张宁
参与设计师_
蓝海宇、林静静、欧翠婷、许定振
项目地点_
广东 广州
项目面积_
9289平方米
投资金额_
3800 万元

主案设计：
王嘉晖 Wang Jiahui
博客：
http://1015652.china-designer.com
公司：
沈阳海天装饰工程有限公司
职位：
设计总监

奖项：
2004赛斯杯设计大赛金奖
2005年华商杯别墅大赛金奖

项目：
格林豪森样板间
阳光尚品售楼处及样板间
世博家园售楼处及样板间

海天-易和设计会所
Haitian Yihe Design Club

A 项目定位 Design Proposition

运用不同的文化巧妙地融合，佛教文化中的禅文化融合了东南亚文化，并且运用欧洲古典的奢华木雕以现代描金工艺表现高贵的气质。

B 环境风格 Creativity & Aesthetics

用传统的古代三层透雕手法运用于现代工艺，表现出超凡的气质。

C 空间布局 Space Planning

用现代化的管理理念将设计服务功能分区强化，接待大厅，投影洽谈室，软装洽谈区。

D 设计选材 Materials & Cost Effectiveness

大尺寸的石材雕刻配以粗犷的石材显现出高贵大气。

E 使用效果 Fidelity to Client

作品达到了企业别墅高端客户服务的需求。

Project Name_
Haitian Yihe Design Club
Chief Designer_
Wang Jiahui
Participate Designer_
Wang Baichang
Location_
Shenhe Shenyang
Project Area_
1000sqm
Cost_
6,000,000RMB

项目名称_
海天-易和设计会所
主案设计_
王嘉晖
参与设计师_
王柏昌
项目地点_
沈阳市 沈河区
项目面积_
1000平方米
投资金额_
600 万元

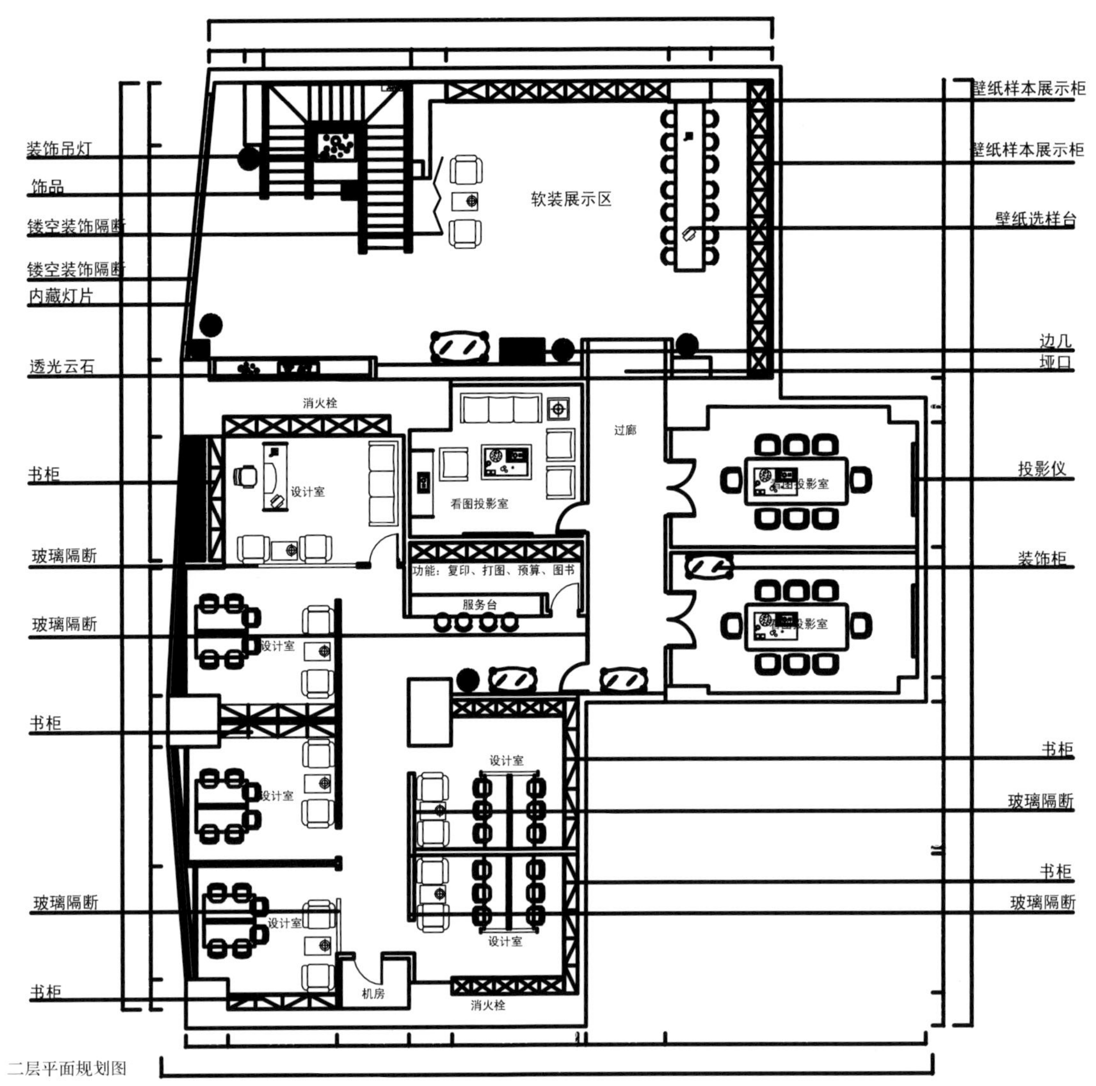
装饰吊灯
饰品
镂空装饰隔断
镂空装饰隔断
内藏灯片
透光云石
书柜
玻璃隔断
玻璃隔断
书柜
玻璃隔断
书柜
壁纸样本展示柜
壁纸样本展示柜
壁纸选样台
边几
垭口
投影仪
装饰柜
书柜
玻璃隔断
书柜
玻璃隔断
软装展示区
消火栓
设计室
看图投影室
过廊
功能：复印、打图、预算、图书
服务台
设计室
设计室
设计室
设计室
设计室
机房
消火栓

二层平面规划图

禪

主案设计：
李道德 Li Daode
博客：
http://1015776.china-designer.com
公司：
dEEP 建筑设计事务所
职位：
主持建筑师

奖项：
作品“De_Ploy”曾参展于智利的“SAGRADI设计展”和奥地利的“概念设计展”以及“第十届威尼斯建筑双年展”

项目：
参与北京机场第三航站楼设计（已完工）
欧洲第一高楼-莫斯科城市大厦Moscow CityTower建筑设计（在建）
圣彼德堡Apraksin Dvor老城规划再造

艺谷北京总部
Eegoo Beijing Office

A 项目定位 Design Proposition
这个设计希望完全颠覆人们印象中办公空间的模式。

B 环境风格 Creativity & Aesthetics
在这里地面、墙体、天花是一个连续不断的整体，如同有机的生物细胞，相互联系、制约。

C 空间布局 Space Planning
创造了空间使用上的灵活性。

D 设计选材 Materials & Cost Effectiveness
灯光的设计，空间性质随着时间，从办公室、展厅、咖啡馆、T台到俱乐部，不停地转换着。

E 使用效果 Fidelity to Client
时尚、前卫不失温馨的办公环境。

Project Name_
Eegoo Beijing Office
Chief Designer_
Li Daode
Participate Designer_
Shang Liang, Zheng Yu, Guat Pei Lee, Alex Middleton, Pang Yixuan
Location_
Haidian Beijing
Project Area_
2300sqm
Cost_
6,500,000RMB

项目名称_
艺谷北京总部
主案设计_
李道德
参与设计师_
商亮、郑钰、Guat Pei Lee 、Alex Middleton、庞亦萱
项目地点_
北京 海淀区
项目面积_
2300平方米
投资金额_
650 万元

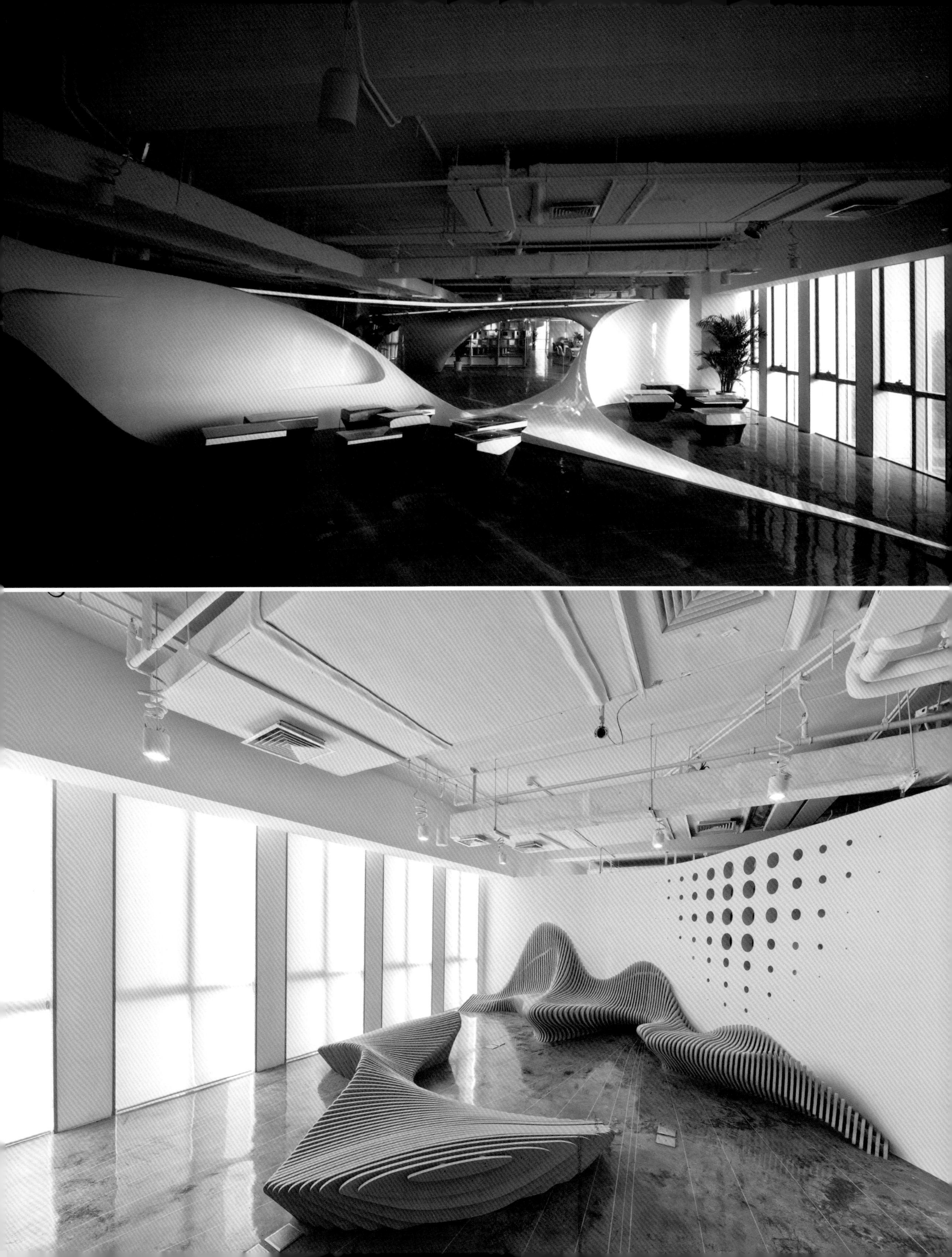

主案设计：
郭淙淙 Guo Congcong
博客：
http://1015800.china-designer.com
公司：
温州云艺建筑装饰设计院
职位：
副院长

奖项：
室内设计双年展 （银、铜、优秀奖）
华鼎奖（金、银奖）
筑巢奖（优秀奖）

项目：
玉环福朋喜来登酒店
上海沃尔沃技术检测中心大楼
意大利都蓝皮革办公楼

温州中信银行财富中心
CITIC Bank in Wenzhou Fortune Center

A 项目定位 Design Proposition
针对高端金融客户群，不仅要满足日常办公商务需求。同时要成为客户休闲交流的场所。让业主与客户更轻松而紧密地交流。

B 环境风格 Creativity & Aesthetics
针对高端金融客户群，引入与之相匹配的功能和配备。在环境风格上一改银行传统的严肃刻板形象，取而代之轻松愉快的功能齐全会所式的环境。

C 空间布局 Space Planning
与同类别物业相比，在一个大空间内采取散点布置同时容纳多种休闲区功能，增加业主与客户的互动性。同时分隔出局部私密空间，便于私密会谈。让工作与商务会谈在客户有选择性的喜欢的空间进行。

D 设计选材 Materials & Cost Effectiveness
相对具有一定豪华度的材料的运用，以符合高端客户的审美需求。

E 使用效果 Fidelity to Client
开业以来，受到原有客户群体一致好评，并在原有基础上新发展了新一批更年青化的客户群。说明这种模式是符合形势发展的。

Project Name_
CITIC Bank in Wenzhou Fortune Center
Chief Designer_
Guo Congcong
Participate Designer_
Chen Cong, Jin Rui
Location_
Wenzhou Zhejiang
Project Area_
600sqm
Cost_
1,600,000RMB

项目名称_
温州中信银行财富中心
主案设计_
郭淙淙
参与设计师_
陈聪、金瑞
项目地点_
浙江 温州
项目面积_
600平方米
投资金额_
160 万元

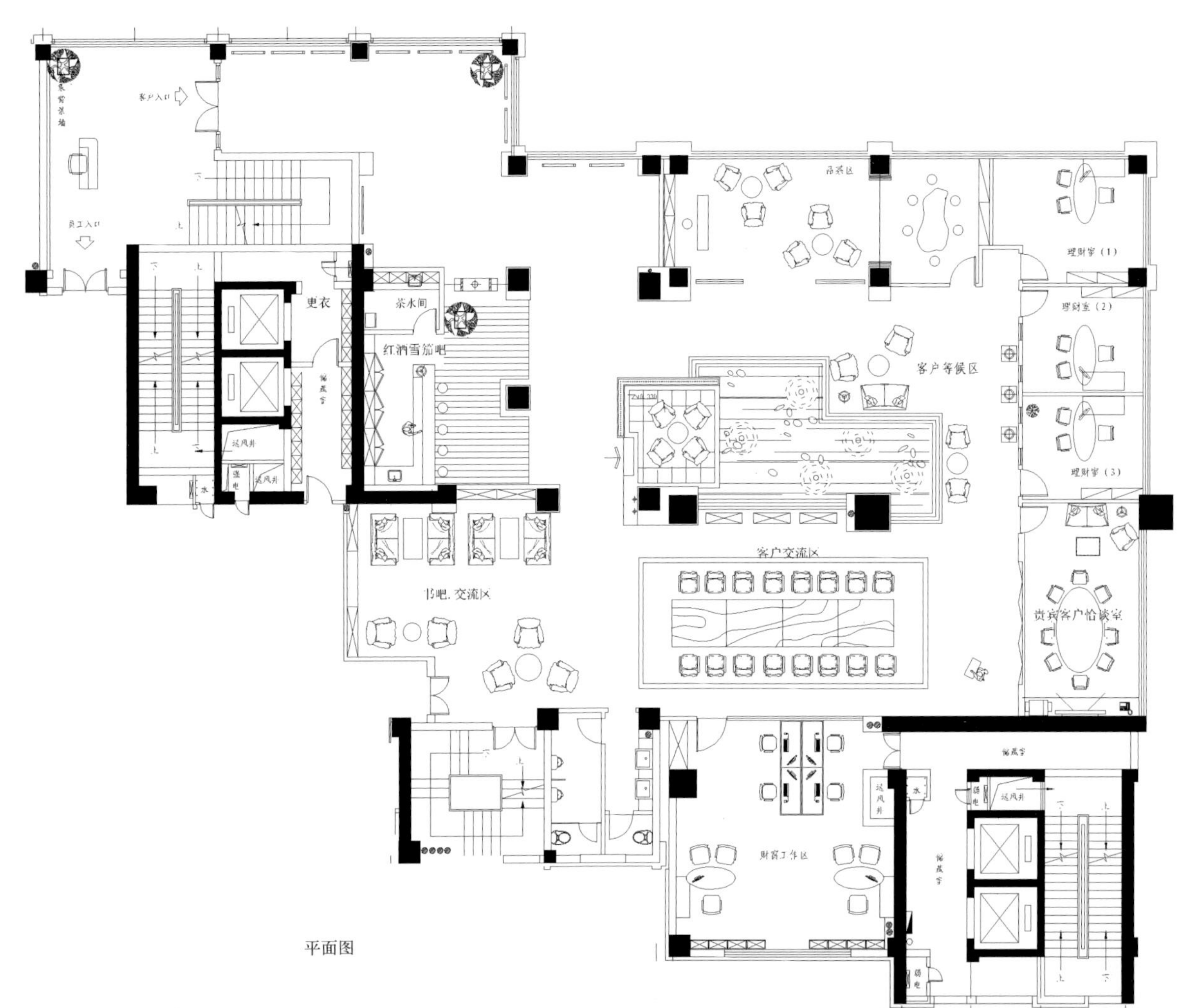
客户入口
员工入口
品茶区
理财室（1）
理财室（2）
理财室（3）
更衣
茶水间
红酒雪茄吧
储藏室
送风井
客户等候区
客户交流区
书吧、交流区
贵宾客户洽谈室
财富工作区

平面图

主案设计：
梁栋 Liang Dong
博客：
http:// 196206.china-designer.com
公司：
东易日盛装饰集团石家庄分公司
职位：
设计师

Loft
Loft

A 项目定位 Design Proposition
红砖，红砖，还是红砖。

B 环境风格 Creativity & Aesthetics
利用红砖做墙，做窗，做背景。

C 空间布局 Space Planning
在加上钢材焊接的楼梯。

D 设计选材 Materials & Cost Effectiveness
红五星，用最简单的材料。

E 使用效果 Fidelity to Client
最省钱的办法做一个年轻人的个性摄影工作室。

Project Name_
Loft
Chief Designer_
Liang Dong
Location_
Shijiazhuang Hebei
Project Area_
400sqm
Cost_
160,000RMB

项目名称_
Loft
主案设计_
梁栋
项目地点_
河北 石家庄市
项目面积_
400平方米
投资金额_
16万元

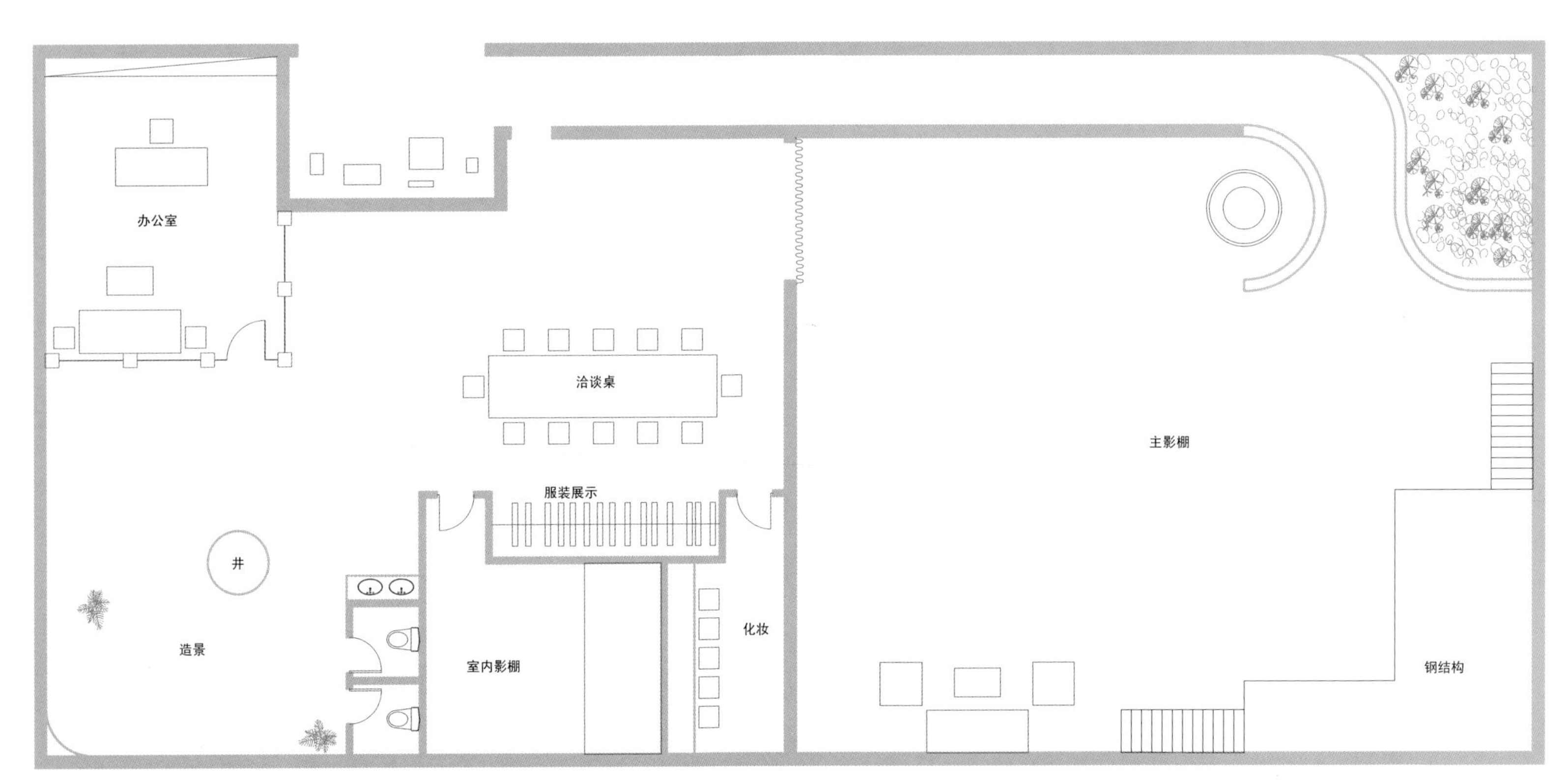

平面图

主案设计：
王少榕 Wang Shaorong
博客：
http:// 678364.china-designer.com
公司：
上海比悠德建筑设计工程有限公司
职位：
总经理、设计总监

项目：
QZM办公楼

广东名门展厅设计
Guangzhou Noble Hall Design

A 项目定位 Design Proposition
考虑办公楼建筑的空间特色，和室内空间配合，同时也设计了中庭和办公楼周边的景观设计。

B 环境风格 Creativity & Aesthetics
办公室利用空间的高度，在大房间内设置小房间，办公室之间的墙不封到顶，让各个办公室保持联通。

C 空间布局 Space Planning
办公楼分为二层，除了办公功能以外，还设有展厅、咖啡区、露台、中庭等。充分利用大面积的空间，设计了多元化的功能区。

D 设计选材 Materials & Cost Effectiveness
木材质的小屋和家具使空间显得统一整齐。水泥灰浆自流平地面的采用，更符合制造工业型企业的形象。

E 使用效果 Fidelity to Client
办公空间里，小屋和开放办公区形成的办公空间能有效提高职员的办公效率。

Project Name_
Guangzhou Noble Hall Design
Chief Designer_
Wang Shaorong
Participate Designer_
Zengwobu Hong, Tianqi Shenping, He Liangjun
Location_
Zhongshan
Project Area_
2,424sqm
Cost_
5,000,000RMB

项目名称_
广东名门展厅设计
主案设计_
王少榕
参与设计师_
曾我部 纮、田崎 慎平、何良俊
项目地点_
中山市
项目面积_
2424平方米
投资金额_
500万元

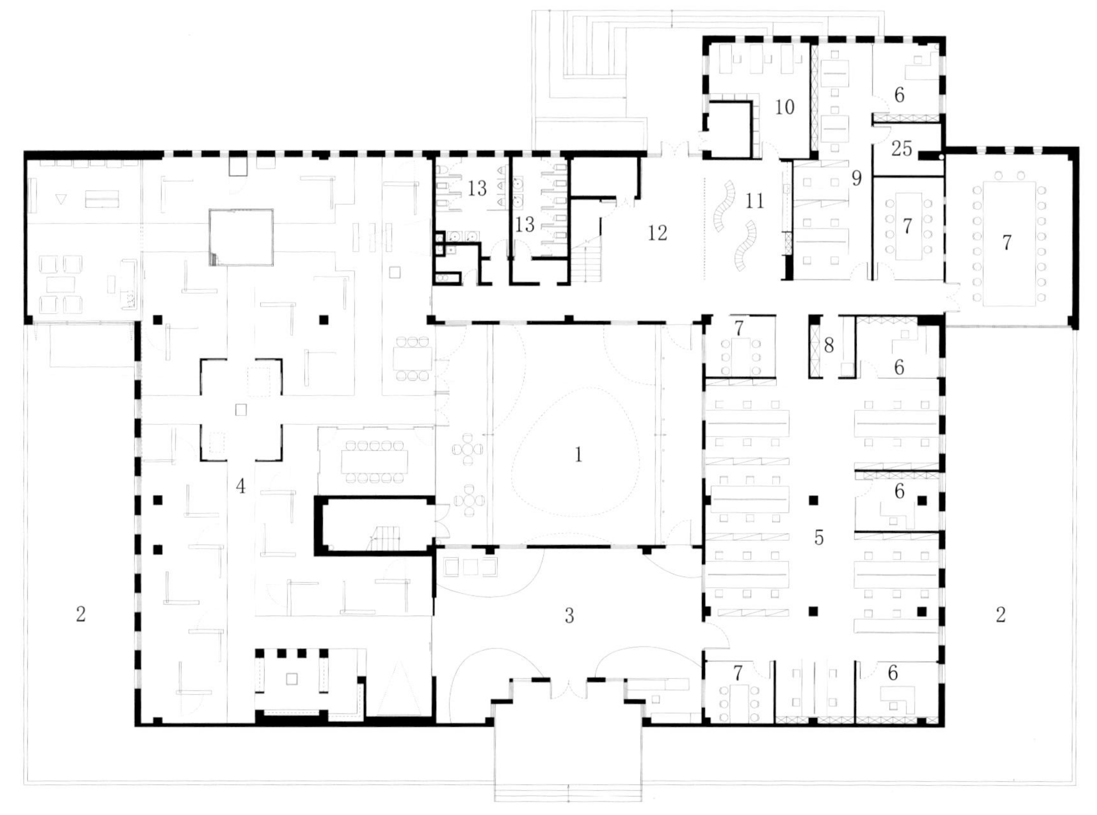

1 中庭
2 水池
3 大堂
4 展厅公共区
5 营销中心
6 经理室
7 会议室
8 文印室
9 人力资源部
10 出纳室
11 咖啡区
12 门厅
13 卫生间
14 总经理室
15 阳台
16 和室
17 总经办
18 财务部
19 IT室
20 将来办公室
21 多功能厅
22 研发中心
23 研发试验室
24 产品管理部
25 储藏室
26 露台

一层平面图

名门展厅
Exhibition Hall

主案设计：
史鸿伟 Shi Hongwei
博客：
http://1007058.china-designer.com
公司：
广州共生形态工程设计有限公司
职位：
运营总监

奖项：
第十四届亚太室内设计大奖住宅入围奖、入选2011年“为中国而设计”

项目：
广州华景里销售中心
广州马赛商务大厦
中企绿色总部会所
广佛基地办公室
君临天下住户会所

中企绿色总部会所
ZhongQi green headquarters club

Project Name_
ZhongQi green headquarters club
Chief Designer_
Shi Hongwei
Location_
Foshan Guangdong
Project Area_
2,700sqm
Cost_
9,500,000RMB

项目名称_
中企绿色总部会所
主案设计_
史鸿伟
项目地点_
广东佛山
项目面积_
2700平方米
投资金额_
950万元

A 项目定位 Design Proposition
中企绿色总部由生态型独栋写字楼、LOFT办公、公寓、五星级酒店、商务会所、休闲商业街等组成。本作品整体定位为企业总部基地。

B 环境风格 Creativity & Aesthetics
在设计风格上用简单的几何元素中的斜线作为设计元素的基础，运用45°斜线的设计语言进行表现，在立面上用45°斜线在不同的墙面之间连接，地面用各种不同的材料斜铺，主体天花则用45°角的斜面的细节，其目的是为了获得带有延续性的运动感并平衡方正的平面布局，来实现表达对商务活动中的时间、高效、运动的理解。

C 空间布局 Space Planning
在平面布局上运用了各种不同尺度的空间进行序列组合，形成“引导空间”、“驻足空间”、“停留空间”的空间功能组合，又利用控制空间中采光面的面积，使每个室内空间与室外空间相互联系程度根据使用功能的不同而不同，使得“形式服务于功能”这一理念得以体现。

D 设计选材 Materials & Cost Effectiveness
在设计选用建筑装饰材料和机电上考虑到绿色和可持续性的原则，采用了LEED认证的相关企业进行供货。

E 使用效果 Fidelity to Client
该项目一推出市场后，就获得了消费者的认同并取得了不俗的销售业绩。

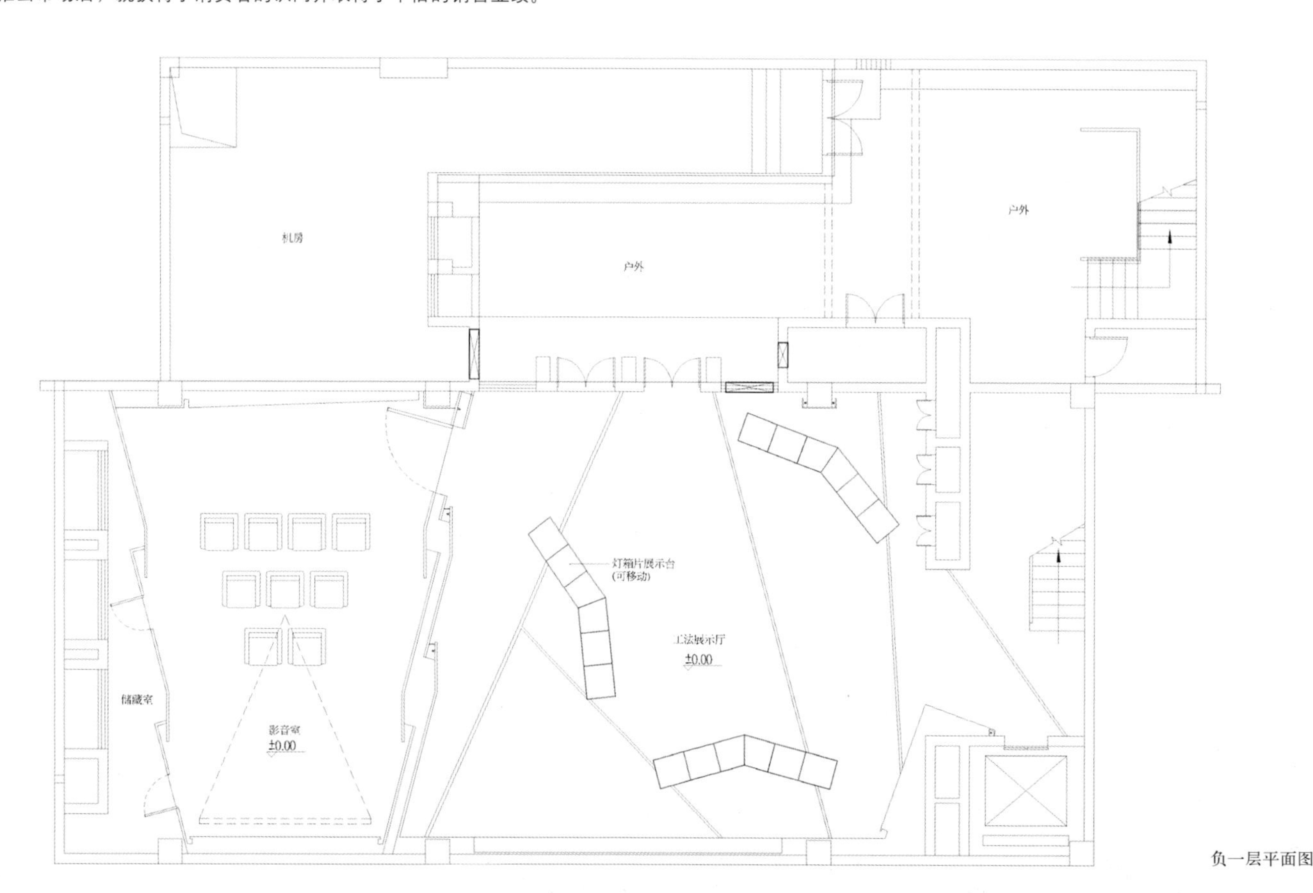

负一层平面图

图书在版编目（CIP）数据

顶级办公空间 / 金堂奖组委会编. -- 北京 : 中国林业出版社，2013.3（金设计系列）

ISBN 978-7-5038-6841-2

Ⅰ. ①顶… Ⅱ. ①金… Ⅲ. ①办公室－室内装饰设计－作品集－世界－现代 Ⅳ. ①TU243

中国版本图书馆 CIP 数据核字（2012）第 273980 号

本书编委会

组编：《金堂奖》组委会

编写：王　亮◎文　侠◎王秋红◎苏秋艳◎孙小勇◎王月中◎刘吴刚◎吴云刚◎周艳晶◎黄　希
朱想玲◎谢自新◎谭冬容◎邱　婷◎欧纯云◎郑兰萍◎林仪平◎杜明珠◎陈美金◎韩　君
李伟华◎欧建国◎潘　毅◎黄柳艳◎张雪华◎杨　梅◎吴慧婷◎张　钢◎许福生◎张　阳

整体设计：A&E 北京湛和文化发展有限公司 http://www.anedesign.com

中国林业出版社·建筑与家居出版中心

责任编辑：纪　亮、成海沛、李丝丝、李　顺

出版咨询：（010）83225283

出版：中国林业出版社
（100009 北京西城区德内大街刘海胡同 7 号）
网站：http://lycb.forestry.gov.cn
印刷：恒美印务（广州）有限公司
发行：新华书店北京发行所
电话：（010）8322 3051
版次：2013 年 3 月第 1 版
印次：2013 年 3 月第 1 次
开本：889mm×1194mm，1/16
印张：12
字数：150 千字
定价：180.00 元
